Food Sanitation Law for Baking

HACCP시스템 현황 및 HACCP 시스템에 대한 법적 규정

제과제빵 관련
식품위생법 이해

이경무 저

백산출판사

머리말

오늘날의 식품은 식품제조 · 가공기술의 급속한 발달로 인하여 보존성, 영양성, 기호성, 유통성 등이 크게 개선되었으며, 식품의 소비형태도 개인이나 가정으로부터 음식점에서 외식, 단체급식으로 이행이 두드러지고 있다. 또한 국민소득의 증대와 식생활 수준이 향상될수록 식품 및 외식시장이 확대되고 소비자의 식품 선택 또한 식품 위생안전을 가장 중요시하는 방향으로 변화하고 있으며, 영양적인 측면뿐만 아니라 위생적이고 안전한 식품의 확보가 가장 중요한 이슈로 대두되고 있다. 이와 같은 상황에서 제과 · 제빵, 식품, 및 조리 관련 분야를 전공하거나 실무자인 우리의 역할을 다하여 안전한 식품의 제공으로 위해와 질병을 방지하고 인간의 생명과 건강을 지키기 위한 지속적인 노력이 필요하다.

이 책에서는 제과 · 제빵을 포함한 식품에 대한 위생안전 관리시스템을 기술하였고, 식품접객업소인 제과점과 휴게음식점, 일반음식점 및 식품제조 · 가공업소인 제과제빵 공장, 집단급식소 등의 산업현장에서 일하는 영업자 및 종업원이 반드시 숙지하고 실천해야 할 식품위생법적 각종 규정인 영업신고(등록), 시설기준, 영업자 준수사항, 표시기준, 자가품질검사, 이물 보고, 식품 · 식품첨가물 등의 기준 및 규격, 식품접객업소 조리식품의 기준 및 규격에 대하여 기술하였다. 그리고 20세기 말부터 식품의 위생안전성 증진을 위해 우리나라에도 도입되어 운용되고 있는 HACCP시스템에 대한 도입 역사와 현황 및 HACCP 시스템에 대한 법적 규정에 대해서도 기술하였다.

저자는 제과 · 제빵, 식품제조 · 가공, 조리 등의 전공학생 및 이와 관련된 실무자에게 실질적인 도움을 주고자 나름대로 최선을 다해 자료를 수집하고 원고를 정리하였으나, 내용에 있어 이론상의 오류나 미비한 점이 아직 많으리라 생각된다. 이에 대하여는 앞으로 시간을 두고 수정 보완해 나갈 것을 다짐하며, 이 책이 식품위생 · 안전 분야를 공부하는 학생들이나 실무자들에게 조금이나마 도움이 될 수 있다면 저자들에게는 크나큰 기쁨이 되겠다. 끝으로 이 책이 출판되도록 물심양면으로 애써주신 백산출판사 진성원 사장님과 직원 분들의 노고에 깊은 감사를 드리는 바이다.

2025년 7월

차 례

비누를 사용하여
30초 손씻기
물 끓여 마시기
과일, 채소는
세척하고 소독하기
작업 주변은
청결히 하기
도구는 세척한 다음
끓이거나 소독하기
식품은 85℃
1분 이상 가열하기

I

제과제빵과
위생안전

메모

Ⅰ. 제과제빵과 위생안전

1. 식중독 발생 현황

■ 우리나라의 식중독 발생 현황

● 연도별 식중독 발생 현황

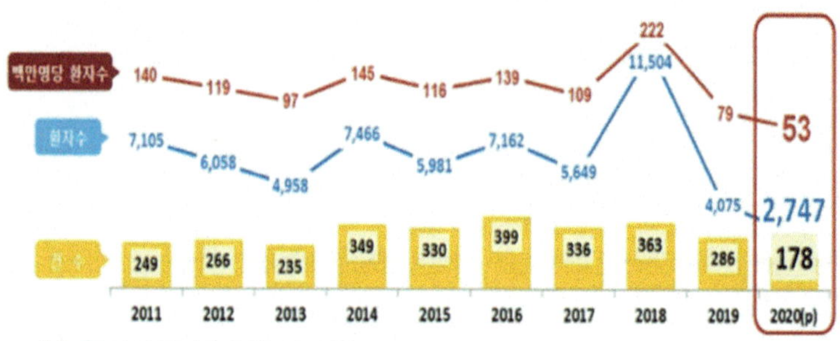

* 출처 : 2020년 식중독 발생 최저치 기록, 이유는? (e-newsp.com)

1. 식중독 발생 현황

■ 우리나라의 식중독 발생 현황

● 월별 식중독 발생 현황

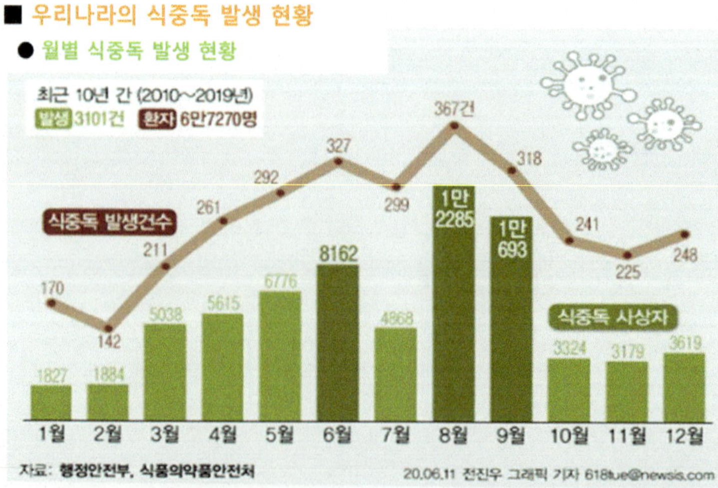

1. 식중독 발생 현황

■ 우리나라의 식중독 발생 현황

● 월별 식중독 발생 현황

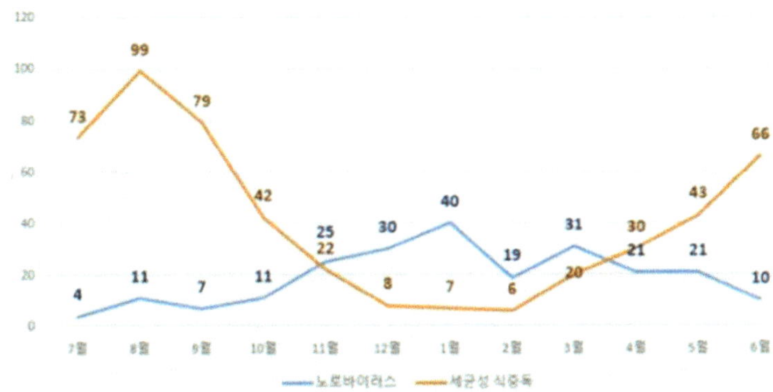

* 출처 : https://blog.naver.com/kt5088/222568542625

1. 식중독 발생 현황

■ 우리나라의 식중독 발생 현황

● 장소별 식중독 발생 현황

(단위: 건, %)

구 분	2015년		2016년		2017년		2018년		2019년 (1~6월)		합계		비율(%)	
	건	명	건	명	건	명	건	명	건	명	건	명	건	명
계	330	5,981	399	7,162	336	5,649	363	11,504	219	3,301	1,647	33,597	100	100
음식점	199	1,506	251	2,120	222	1,994	202	2,323	99	721	973	8,664	59	26
학교	38	1,980	36	3,039	27	2,153	44	3,136	57	1,739	202	12,047	12	36
학교 외 집단급식소	26	802	32	904	23	426	38	1,875	29	463	148	4,470	9	14
가정집	9	34	3	16	2	6	3	10	3	13	20	79	1	0
기타	54	1,641	73	974	52	776	67	4,094	31	365	277	7,850	17	23
불명	4	18	4	109	10	294	9	66	0	0	27	487	2	1

* 출처 : [단독]학교 급식에서 식중독 가장 많이 발생...4건 중 1건만 행정처분-국민일보 (kmib.co.kr)

1. 식중독 발생 현황

■ 우리나라의 식중독 발생 현황

● 원인물질별 식중독 발생 현황

(2019.12.31 기준, 단위 : 건, 명)

'18년	계	병원성 대장균	살모넬라	장염 비브리오	캠필로박터 제주니	황색 포도상구균	클로스트리디움 퍼프린젠스
건수	286	25	18	5	12	4	10
환자수	4,075	497	575	25	312	56	251

'18년	바실러스 세레우스	기타세균	노로 바이러스	기타 바이러스	원충	자연독	불명
건수	5	1	46	8	48	2	102
환자수	75	17	1104	230	308	10	615

메모

메모

1. 식중독 발생 현황

■ 우리나라의 식중독 발생 현황

● 원인식품별 살모넬라 식중독 발생 현황

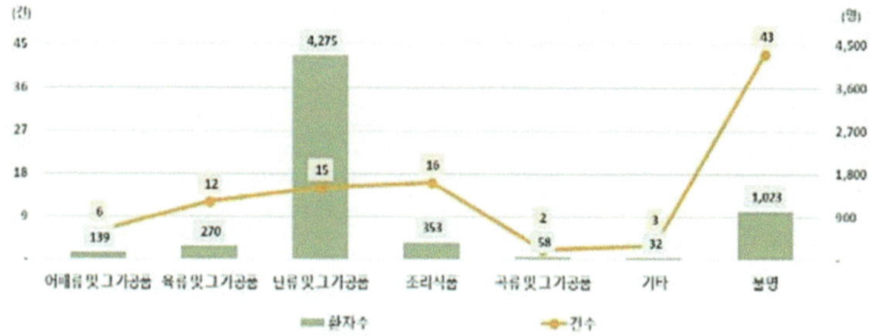

* 출처 : https://blog.naver.com/kotiti_water/221631111583

1. 식중독 발생 현황

■ 병원성 세균의 발생원인 사례 (일본)

발생원인(유래)	*V. parahaemo-lyticus*	*S. aureus*	*Salmonella* spp.	*C. welchii*	*B. cereus*
장시간 보존	22	69	13	17	17
보존온도 부적절	28	75	6	18	18
불완전한 냉각, 냉장	4	14	2	6	4
부적절한 재가열	3	1	-	9	2
불완전한 가열	5	6	17	8	12
교차오염	33	31	39	-	14
작업자 손가락 등	12	55	13	-	-
과잉량의 가열	6	8	3	4	-
생식	22	-	29	-	-

1. 식중독 발생 현황

■ 병원성 세균의 발생원인 사례 (미국)

순위	발 생 원 인	비율(%)	순위	발 생 원 인	비율(%)
1	부적절한 냉각	30	9	교차오염	2.5
2	급식 전 장기보관	17	10	부적절한 가열	2
3	감염된 종사자	13	11	유독물질	2
4	부적절한 재가열	11	12	고의 사용된 첨가물	1
5	부적절한 보온저장	8	13	부적절한 해동	0.5
6	오염된 식재료	5	14	오염된 물	0.2
7	불안전 출처 식자재	3.5	15	식품 오인 사용	0.1
8	잔반 사용	2.5	16	부적절한 식기세척	0.1

2. 식품 관련 위해물질

■ 병원성 미생물 (Biological hazards)

● Bacteria

- *Salmonella* spp.
- *Shigella* spp.
- *Yersinia enterocolitica*
- *Campylobacter jejuni/coil*
- *Vibrio* spp.
  (*V. parahaemolyticus, V. cholera, V. vulnificus*)
- *Aeromonas hydrophila*
- *Listeria monocytogenes*
- 장출혈성 대장균(*E. coli* O157:H7, O26)
- *Bacillus cereus*
- *Clostridium botulinum*
- *Clostridium perfringens*
- *Staphylococcus aureus*

* 장내독소(Enterotoxin)

● Fungi

- Mold : *Aspergillus* spp., *Penicillium* spp.
- Yeast

● Virus

- Hepatitis A virus
- Hepatitis E virus
- Norovirus
- Rotavirus

● Parasite

- 야채류 : 회충, 구충, 요충 등
- 수산물 : 디스토마, 요코가와흡충
- 식 육 : (무구유구)조충, 선모충

● 원 충

- *Toxoplasma gondii*

2. 식품 관련 위해물질

■ 유독성 화학물질 (Chemical hazards)

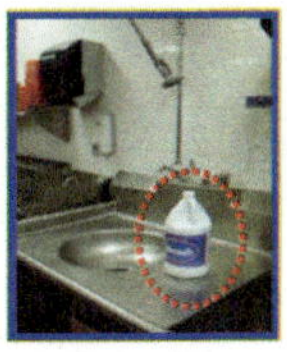

- 잔류농약
- 잔류동물용의약품 (항생물질)
- 중금속 : 수은, 납, 카드뮴, 비소, PCB 등
- 무허가, 남용 또는 오용된 식품첨가물
- 미생물 기원 독성물질 : Mycotoxin (Aflatoxin, patulin 등)
- 자연 기원 독성물질 : 패류독, 복어독, 버섯독, 감자독 등
- 환경호르몬 : 다이옥신, 프탈레이트류 등
- 제조·가공·조리 공정에서 생성물질 : Nitrite, 벤조피렌, 변이원성 물질 등
- Allergy 유발물질
- 시설·설비의 위생관리에 사용되는 화학물질 : 세제, 소독제 등

2. 식품 관련 위해물질

■ 위해성 이물 (Physical hazards, hazardous foreign materials)

● 작업장 내부

- 건 물 : 녹, 박리도료, 결로, 먼지, 유리, 콘크리트 부스러기
- 설 비 : 금속조각, 유지, 부품, 고무조각
- 비 품 : 공구, 나사, 팔렛 나무조각, 플라스틱조각
- 종사자 : 모발, 장신구(귀걸이, 머리핀, 반지, 목걸이, 매니큐어), 기호품(껌, 담배꽁초 등)
- 사무용품 : 연필, 볼펜, 수첩, 호치케스심, 클립, 커터칼날, 고무밴드
- 생물체 : 곤충(생체, 파편), 진드기, 쥐·조류 등의 분변·깃털

● 작업장 외부

- 원료, 포장재
- 차량, 운반도구

* 모래, 흙, 먼지, 식물섬유 부스러기, 짚

● 식품 자체

- 씨, 껍질, 기생충알, 뼛조각, 털, 색소 등

📝메모

✎메모

3. 위해물질 오염경로

■ 분 변

- 살모넬라균
- 장출혈성 대장균
- 리스테리아균
- 캠필로박터균
- 여시니아균
- 기생충
  . 채소류, 어패류, 육류

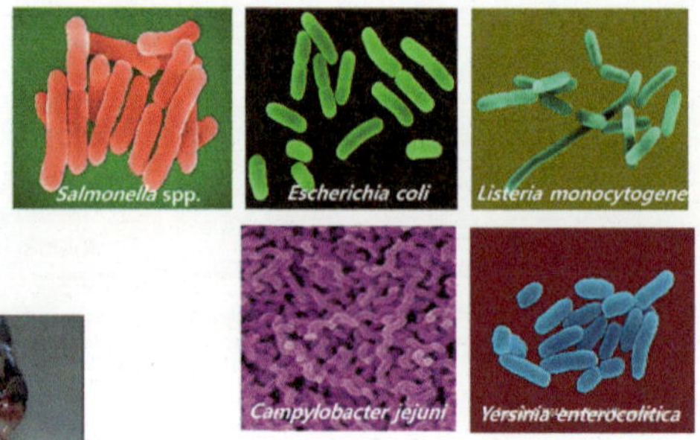

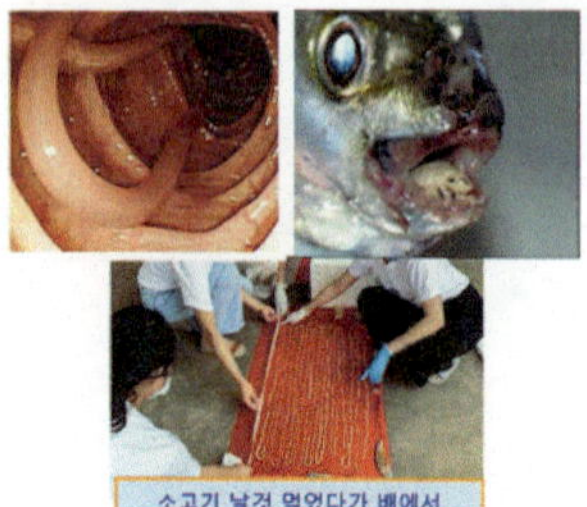

소고기 날것 먹었다가 배에서 '18m 무구조충(태국 남성)

3. 위해물질 오염경로

■ 사 람

- 황색포도상구균
* 코, 인후, 정상피부, 화농성 상처 등

■ 토 양

- 클로스트리디움 보툴리늄
- 클로스트리디움 퍼프린젠스
- 바실러스 세레우스

* 혐기성, 내열성

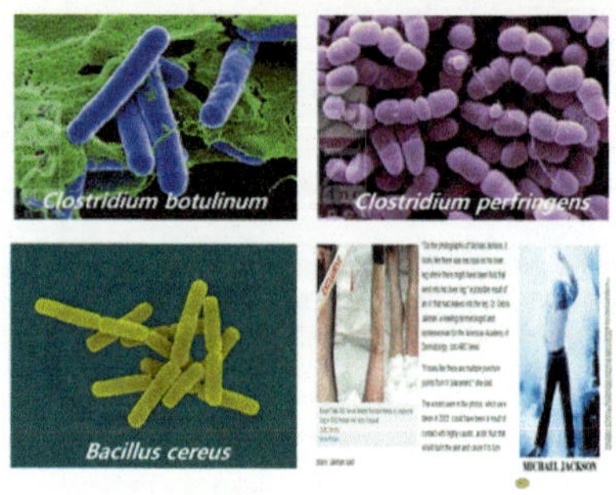

3. 위해물질 오염경로

■ 물

- 수인성 감염병균
- 노로바이러스
- 비브리오균
  . 장염비브리오균
  . 비브리오패혈증균
  . 콜레라균

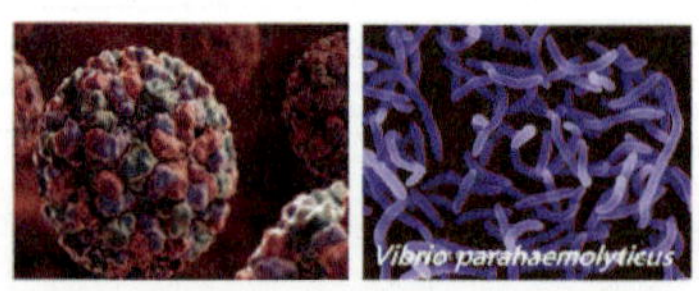

■ 공 기

- 곰팡이
  . 검은곰팡이
  . 푸른곰팡이
  * 곰팡이독 (Mycotoxin)
- 포자 형성균
- 유해 화학물질 : 다이옥신 등

Aspergillus spp. *Penicillium* spp. Dioxin

메모

3. 위해물질 오염경로

■ 기구, 용기·포장

- 환경호르몬
  . 프탈레이트류
  . 톨루엔
  . 중금속

■ 이물

- 금속성, 유리 조각, 경질·연질 이물
  . 금속 파편, 칼날 조각, 체망 파편,
  쇳가루, 볼트, 녹 입자, 유리 파편,
  플라스틱 조각, 나무 조각, 머리카락 등

*** 법적 기준**

- 이 물 : 불검출
- 쇳가루 : 10.0 mg/kg 미만 (함량)
- 금속성 이물 : 2.0 mm 미만 (크기)

3. 위해물질 오염경로

■ 제과제빵 중 발생

- 벤조피렌
- 지방 산화생성물
- 세제, 소독제
- 농약

■ 원료 (식품, 식품첨가물, 기구, 용기· 포장)

- 자연유독물질
  . 조개, 감자 등
- 알레르기 유발물질
- 무허가물질 사용, 사용기준 초과
- 환경호르몬
  . 농약, 중금속, 미세플라스틱 등

4. 위해물질 발생원인 종합

■ 오 염 (혼입, Contamination)

- 원료, 자재, 물, 공기, 토양, 시설·설비·기구, 동물·설치류·곤충, 취급자
- 청결성 불량 : 청소(세척), 소독

* **교차오염** (Cross contamination)

■ 증 식 (생육, 생성, Growth, Increase)

- 보관(저장), 해동, 냉각, 동결, 운송 등 취급 시 온도/시간 관리 불량
- 과도한 가열
- 화학적 반응

■ 잔 존 (잔류, Residue)

- 가열 온도/시간 관리 불량
- 세척/소독 관리 불량
- 선별 관리 불량

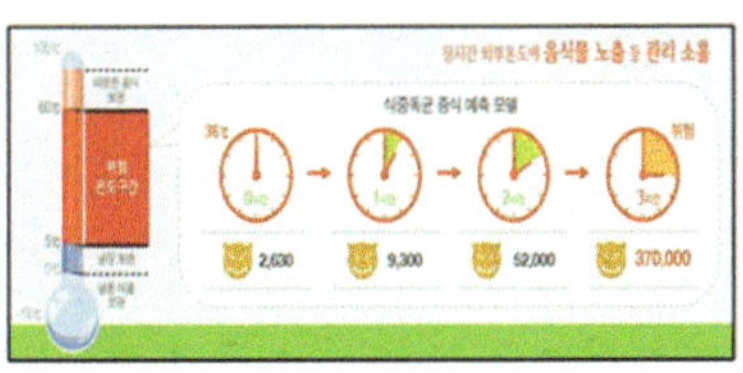

메모

5. 위해물질 예방원칙

■ **청 결**

- 오염 (혼입) 방지
  . 세척(청소), 소독, 밀폐, 개인위생 등

■ **온도 유지**

- 증식 방지
  . 냉장, 냉동, 가열온도 준수
- 제거/감소 (제어)
  . 충분한 가열

■ **시간 관리**

- 증식 방지
  . 소비기한, 제빵·진열·가열시간 준수
- 잔존 (잔류) 방지
  . 충분한 가열, 소독, 선별 등

■ **원료 관리**

- 부정불량식품 등 사용금지
  . 입고검사, 시험성적서 수령 등

II

식품위생안전 및 관리시스템

메모

Ⅱ. 식품위생안전 및 관리시스템

Ⅱ-1. 식품위생안전

1. 식품산업 환경

■ 생산(재배, 사육) 환경

- 식량 증산을 위한 농약, 항생물질, 비료 등 위해성 물질의 사용
- 산업 발달에 따른 내분비계 교란물질 등 오염물질의 식품오염 기회 증가
  . 수질, 토양, 대기 오염

■ 제조·가공·조리 환경

- 전근대적 생산활동
  . 영세성
  . 시설·설비·원료 등 낙후성
  . 전문성, 식품안전의식 결여
- 생산단계별 유기적 관리체제 미흡
- 관리기술의 한계성 : Risk to acceptable safety level
- 법적 요건 및 책임성 강화

1. 식품산업 환경

■ **소비자 환경**

- 경제, 생활수준 향상으로 식품안전 욕구 증가 => Zero risk 경향
- 식생활 패턴 변화에 따른 위해환경 노출 증가
  . 단체급식, 매식, 외식, 간편식

■ **위생행정 환경**

- 관할부처 다원성, 부처간 유기성 미흡, 인력 부족, 전문성 미흡
- 신규 또는 부가업무 증대
  . 신종 유해물질 출현
  . 소비자 욕구 증대

* **WTO (World Trade Organization)**

2. 식 품

■ **식 품**

- 모든 음식물, 의약으로 섭취하는 것 제외 (식품위생법 제2조 제1항)

■ **의약품**

- 대한약전에 수록된 것 이외는 사람 또는 동물의 질병의 진단, 치료, 경감, 처치 또는 예방에 사용됨을 목적으로 하는 것이나
  혹은 사람 또는 동물의 신체 구조, 또는 기능에 약리적 기능을 미치게 하는 것이 목적으로 되어 있는 것을 모두 포함(단, 기구·기계· 화장품 제외)이며,
  반드시 약리작용상 어떠한 효능이 있고 없고 관계없이 해당 물품의 성분, 형상(용기, 포장, 의장 등), 명칭, 거기에 표시된 사용목적, 효능, 효과, 용법, 용량, 판매할 때의 선전 또는 설명 등을 종합적으로 판단하여,
  사회 일반인이 볼 때, 한 눈으로 식품으로 인식되는 과일, 야채, 어패류 등을 제외하고는 그것이 위 목적에 사용되는 것으로 인식되고, 혹은 약효가 있다고 표방하는 경우에는 이를 모두 의약품으로 봄.
  (약사법 제2조 제4항)

2. 식 품

■ **원료성 식품 (Raw material)**

- 농산물
- 축산물
- 수산물
- 임산물

■ **가공식품 (Processed food)**

- 가공식품, 단순가공식품
- 소비자용, 원료용
- 개별식품, 장기보존식품(통·병조림식품, 레토르트식품, 냉동식품), 영· 유아용, 고령자용 또는 대체식품으로 표시판매식품

메모

메모

3. 식품위생 범위 (법 제2조)

■ 식 품 (Food)

- 모든 음식물, 의약으로 섭취하는 것 제외

■ 식품첨가물 (Food additive)

- 식품을 제조·가공·조리 또는 보존하는 과정에서 감미(甘味), 착색(着色), 표백(漂白) 또는 산화 방지 등을 목적으로 식품에 사용되는 물질
- 기구·용기·포장을 살균·소독하는 데에 사용되어 간접적으로 식품으로 옮아갈 수 있는 물질 포함

■ 화학적 합성품 (Artificial FA)

- 화학적 수단으로 원소 또는 화합물에 분해 반응 외의 화학 반응을 일으켜서 얻은 물질

* 기구 등 살균소독제

* 식품첨가물, 혼합제제류

3. 식품위생 범위 (법 제2조)

■ 기 구 (Instrument, utensil, equipment, facility)

- 식품 또는 식품첨가물에 직접 닿는 기계·기구나 그 밖의 물건(농업과 수산업에서 식품 채취에 쓰는 기계·기구나 그 밖의 물건 및 「위생용품 관리법」 제2조 제1호에 따른 위생용품 제외)
  . 음식을 먹을 때 사용하거나 담는 것
  . 식품 또는 식품첨가물을 채취·제조·가공·조리·저장·소분(완제품을 나누어 유통을 목적으로 재포장하는 것)·운반·진열할 때 사용하는 것

■ 용기·포장 (Container·package)

- 식품 또는 식품첨가물을 넣거나 싸는 것으로서 식품 또는 식품첨가물을 주고 받을 때 함께 건네는 물품

4. 식품위생 및 안전

■ 식품위생 (Food hygiene or sanitation)

- 식품의 생육, 생산, 제조로부터 최종적으로 사람이 섭취하기까지 모든 단계에서 식품의 안전성(Safety), 완전무결성(Wholesomeness), 건전성(Soundness)을 확보하기 위해 필요한 모든 수단
  (FAO/WHO 산하기구인 CODEX, 1955)

* **Food hygiene** means all measures necessary for ensuring the safety, wholesomeness and soundness of food at all stages from its growth, production or manufacture until its final consumption

- 식품, 식품첨가물, 기구, 용기·포장을 대상으로 하는 음식에 관한 위생
  (식품위생법 제2조 제11호)

* 식품안전 (Food safety)

- 식품이 의도되는 용도대로 제조·가공·조리 및/또는 섭취되었을 때 소비자에게 해를 끼치지 않는 것

4. 식품위생 및 안전

■ **위해요소 (Hazard)**

- 인체에 위해를 일으킬 가능성이 있는 생물학적, 화학적, 물리적 인자나 여건 (Factor / Condition)

■ **위해성 (Risk)**

- 식품 등에 존재하는 위해요소가 인체의 건강에 나쁜 영향을 미칠 수 있는 가능성
- 식품, 식품첨가물, 기구 또는 용기·포장에 존재하는 위험요소로서 인체의 건강을 해치거나 해칠 우려가 있는 것 (식품위생법 제2조 제6호)

4. 식품위생 및 안전

■ **식품위생안전 관리범위**

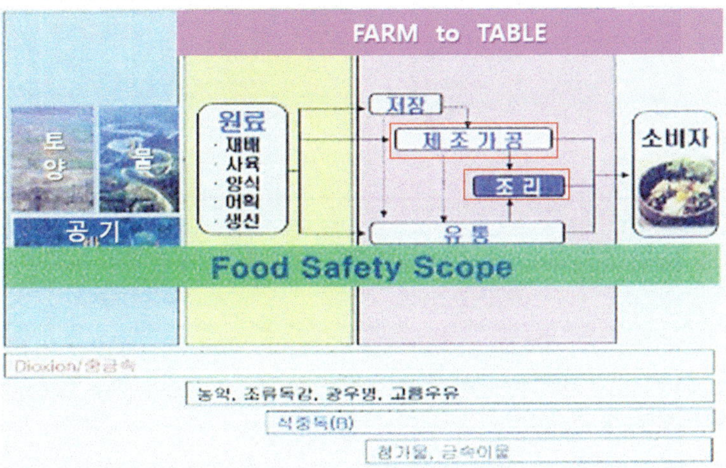

메모

메모

Ⅱ-2. 식품위생안전관리시스템

(Food Safety Management System)

1. FSMS 종류

■ 식품위생 관련 법규 준수

■ 제품검사기법

■ GMP

- Good Manufacturing Practices (우수(적정)제조기준)

■ GHP / SSOP

- Good Hygiene Practices (우수(적정)위생기준)
- Sanitation Standard Operating Procedures (일반위생관리기준)

* GAP (Good Agricultural Practices), Traceability (이력추적관리제)

■ HACCP시스템

- Hazard Analysis and Critical Control Point System
- 식품 및 축산물 안전관리인증기준 ((구)식품위해요소중점관리기준)

■ Risk Analysis

* ISO인증시스템

2. 식품위생 관련 법규 준수

■ 식품위생 관련 법령

- (식품위생)법, 시행령, 시행규칙, 고시, 훈령, 조례 등

■ 영업자 준수사항

- 위생적 취급기준
- 위해식품 등의 판매금지
- 업종별 시설기준
- 영업자 및 종업원 준수사항
- 건강진단, 위생교육
- 식품의 기준·규격 : 원료구비요건, 제조·가공기준, 제품규격, 보관·유통기준
- 식품첨가물의 기준·규격
- 기구, 용기·포장의 기준·규격
- 자가품질검사
- 표시기준
- 허위·과대광고기준
- HACCP, 이물보고, 회수
- 행정제재 및 벌칙 등

3. 제품검사기법

■ 제품 검사
- 완제품
- 원료, 포장재
- (제조·가공) 공정품

* 위생상태 : 손, 제과·제빵도구, 공중낙하균 등

■ 자가품질검사
- 검사인력, 검사장비 필요
- 검사소요시간으로 위해요소의 사전예방 곤란

4. GMP/GHP 운용

■ Good Manufacturing Practices

● 시설·설비 중심
- Hard ware
- Plant산업

● 미 국
- cGMP
- 수산물

● 우리나라
- 의약품 : KGMP
- 건강기능식품

■ Good Hygiene Practices

Sanitation Standard Operating Procedures

* Prerequisite Program (PRP, PP, 선행요건)

● 위생관리활동 중심
- Soft ware

● 미 국
- 축산물

● 우리나라
- 축산물 및 그 가공품
- 수산물 및 그 가공품
- 가공식품
  . 영업장, 위생, 제조·가공시설·설비, 냉장·냉동시설·설비, 용수, 보관·운송, 검사, 회수

5. HACCP 운용

■ Hazard Analysis and Critical Control Point System

(식품 및 축산물 안전관리인증기준 (위해요소중점관리기준))

● Process control

● 연 혁
- 1959년, 미국 NASA, 우주개발계획에서 유래
- 1989년, NACMCF, HACCP지침 제시
- 1993년, CODEX, HACCP적용지침 권고

● 외 국
- 미국 : 축산물 및 가공품, 수산물 및 가공품, 비가열 주스류에 의무적용
- EU, 캐나다, 호주, 뉴질랜드, 일본, 중국 등에서 법제화 도입

● 우리나라
- 가공식품(수산물가공품 포함) : 의무적용 / 자율적용
- 축산물 (의무적용) / 축산물가공품 (자율적용) / 농장, 사료 등
- 학교급식 ?

메모

메모

6. RACCP 운용

■ Risk Analysis (위해 분석)

● 분석단계

- Risk assessment (위해성 평가)
- Risk management (위해성 관리)
- Risk communication (위해성 의사전달)

● 현 황

- 식품안전기본법에 반영
- CODEX, 미국, 우리나라 등에서 연구, 제도화 진행

7. FSMS 상관성

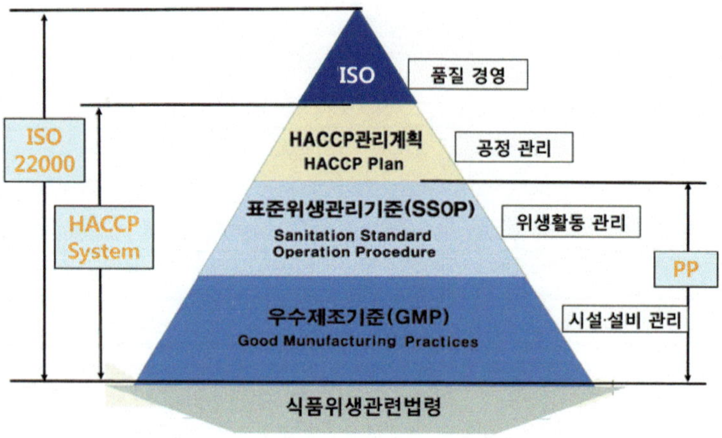

제과제빵 관련 식품위생법규

메모

Ⅲ. 제과제빵 관련 식품위생법규

Ⅲ-1. 제과제빵 관련 식품위생법 위반 사례

1. 식품위생법 위반 단속 사례 (2019.03)

연번	업종	업체명	소재지	위반내용
1	법인사업자	로쏘 주식회사	대전 중구 대종로 480번길 15	무허가 축산물가공업 영업
2	휴게음식점	테라스키친	대전 중구 은행동 144-3	무허가 축산물 사용
3	식품제조·가공업	원조할머니 학화호도과자	충남 천안시 동남구 천안대로 590	유통기한 미표시 제품 생산 등
4	휴게음식점	㈜학화강남직영점	서울 서초구 바우뫼로 188	유통기한 미표시 제품 사용
5	휴게음식점	㈜학화호두과자 명동직영점	서울 중구 남대문로 52-13	유통기한 미표시 제품 사용
6	식품제조·가공업	뚜쥬루개발㈜ 뚜쥬루과자점	충남 천안시 동남구 풍세로 706	유통기한 미표시 제품 생산
7	식품제조·가공업	궁전제과㈜ 두암지점	광주 북구 동문대로 92	보존기준 등 위반
8	식품제조·가공업	나폴레옹베이커리	서울 강남구 봉은사로 434	보존기준 등 위반
9	식품제조·가공업	㈜옵스	부산 남구 황령대로319번나길 51	보존기준 등 위반
10	식품제조·가공업	㈜웨스트진 베이커리	경기 고양시 일산동구 숲속마을1로 77	보존기준 등 위반
11	식품제조·가공업	나폴레옹 과자점	서울 서초구 동광로 95-2	위생적 취급기준 위반
12	식품제조·가공업	나폴레옹 베이커리 유통㈜	서울 강남구 봉은사로 64길 8	위생적 취급기준 위반
13	식품제조·가공업	리치몬드 과자점	서울 마포구 월드컵북로 86	위생적 취급기준 위반
14	제과점영업	할머니학화호두 과자터미널점	충남 천안시 동남구 만남로 62	위생적 취급기준 위반
15	식품제조·가공업	로쏘㈜ 성심당	대전 중구 대종로 480번길 15	자가품질검사 미실시 등
16	식품제조·가공업	밥스브레드제조	전북 전주시 완산구 호암로 82	자가품질검사 미실시
17	식품제조·가공업	학화호두과자 병천점	충남 천안시 동남구 아우내순대길 33	원료수불부·생산일지 미작성 등
18	제과점영업	강릉빵다방	강원도 강릉시 남강초교1길 24	원료 등의 구비요건 위반
19	식품제조·가공업	㈜홍두당	대구 중구 경상감영길 25	품목제조보고 미실시
20	식품제조·가공업	㈜좋은아침	경기 안산시 상록구 충보로 49	영업장 변경신고 미실시

http://www.babytimes.co.kr/news/articleView.html?idxno=26091

2. 식품위생법 위반 보도 사례

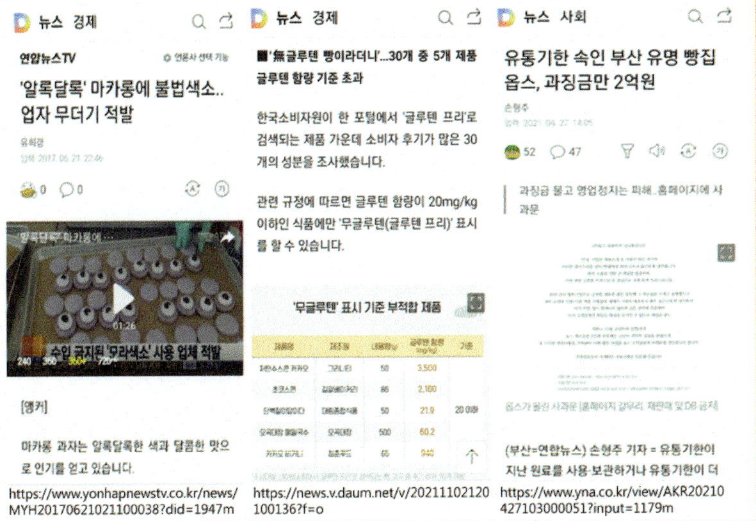
뉴스 경제
연합뉴스TV
'알록달록' 마카롱에 불법색소.. 업자 무더기 적발
수입 금지된 '모라색소' 사용 업체 적발
[앵커]
마카롱 과자는 알록달록한 색과 달콤한 맛으로 인기를 얻고 있습니다.
https://www.yonhapnewstv.co.kr/news/MYH20170621021100038?did=1947m

뉴스 경제
■'無글루텐 빵이라더니'...30개 중 5개 제품 글루텐 함량 기준 초과
한국소비자원이 한 포털에서 '글루텐 프리'로 검색되는 제품 가운데 소비자 후기가 많은 30개의 성분을 조사했습니다.
관련 규정에 따르면 글루텐 함량이 20mg/kg 이하인 식품에만 '무글루텐(글루텐 프리)' 표시를 할 수 있습니다.
'무글루텐' 표시 기준 부적합 제품
https://news.v.daum.net/v/20211102120100136?f=o

뉴스 사회
유통기한 속인 부산 유명 빵집 옵스, 과징금만 2억원
과징금 물고 영업정지는 피해..홈페이지에 사과문
(부산=연합뉴스) 손형주 기자 = 유통기한이 지난 원료를 사용·보관하거나 유통기한이 더
https://www.yna.co.kr/view/AKR20210427103000051?input=1179m

2. 식품위생법 위반 보도 사례

자유방송
홈 > 뉴스/자유TV > 보건/의학
식약청, 케이크 제조 판매 업체 식품 위생법위반 15곳 행정 처분 의뢰
식품의약품안전청(청장 이희성)은 연말연시를 맞이하여 '케이크 제조·판매업체' 49곳을 점검한 결과, 유통기한 임의초과 표시 등 식품위생법을 위반한 15곳을 적발, 관할 지방자치단체에 행정처분 의뢰했다고 밝혔다.
주요 위반내용은 ▲유통기한이 경과된 제품을 조리 목적으로 사용·보관(3곳) ▲유통기한 임의초과 표시(1곳) ▲품목보고 미보고 생산(2곳) ▲위생취급 불량 업체(3곳) 등이다.

뉴스 경제
연합뉴스
경기도, 식품위생법 위반 대형 베이커리 업소 16곳 적발
(수원=연합뉴스) 김경태 기자 = 유통기한이 지난 음식 재료를 보관하거나 정기적으로 수질 검사를 하지 않은 대형 베이커리 업소들이 경기도 단속에 적발됐다.
경기도 민생특별사법경찰단은 이달 8일부터 2주간 도내 제과·제빵 제조·가공·판매업소 102개소를 대상으로 수사해 식품위생법을 위반한 16개 업소를 적발했다고 26일 밝혔다.
이번 단속 대상은 주로 단독 건물에서 영업하는 대형 업소들로, 이른바 동네빵집이나 프랜
https://www.yna.co.kr/view/AKR20211224126300061?input=1179m

업소용 달걀까지 선별·포장 의무 확대시행
2022년 1월 1일부터
https://blog.naver.com/kfdazzang/222579487962

2. 식품위생법 위반 보도 사례

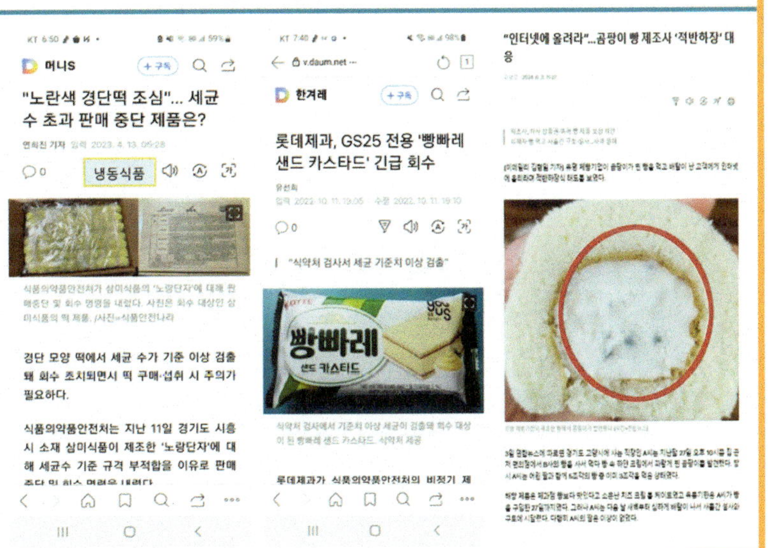
머니S
"노란색 경단떡 조심"... 세균수 초과 판매 중단 제품은?
냉동식품
경단 모양 떡에서 세균 수가 기준 이상 검출돼 회수 조치되면서 떡 구매·섭취 시 주의가 필요하다.
식품의약품안전처는 지난 11일 경기도 시흥시 소재 삼미식품이 제조한 '노랑단자'에 대해 세균수 기준 규격 부적합을 이유로 판매 중단 및 회수 명령을 내렸다.

한겨레
롯데제과, GS25 전용 '빵빠레 샌드 카스타드' 긴급 회수
"식약처 검사서 세균 기준치 이상 검출"
빵빠레 샌드 카스타드
롯데제과가 식품의약품안전처의 비정기 제

"인터넷에 올려라"...곰팡이 빵 제조사 '적반하장' 대응

메모

3. 위생안전 관리불량 사례

■ 개인위생 불량

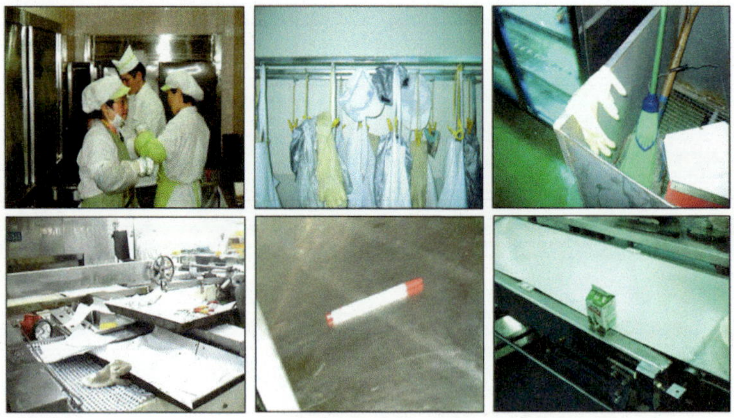

3. 위생안전 관리불량 사례

■ 제과제빵설비·도구 불량

3. 위생안전 관리불량 사례

■ 제과제빵시설 불량

3. 위생안전 관리불량 사례

■ 청소(세척)·소독 불량

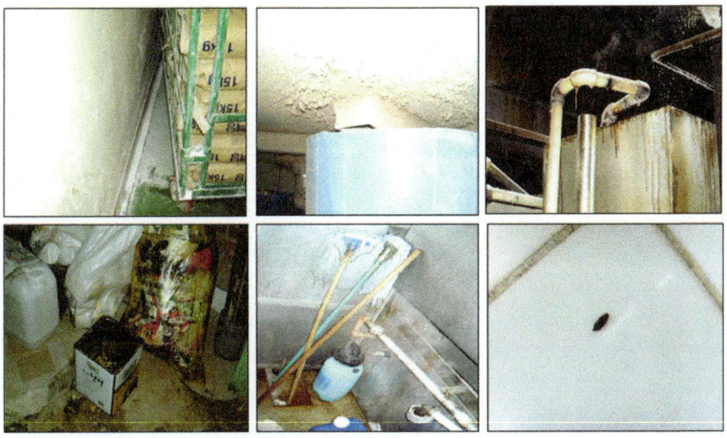

3. 위생안전 관리불량 사례

■ 원료 취급 불량

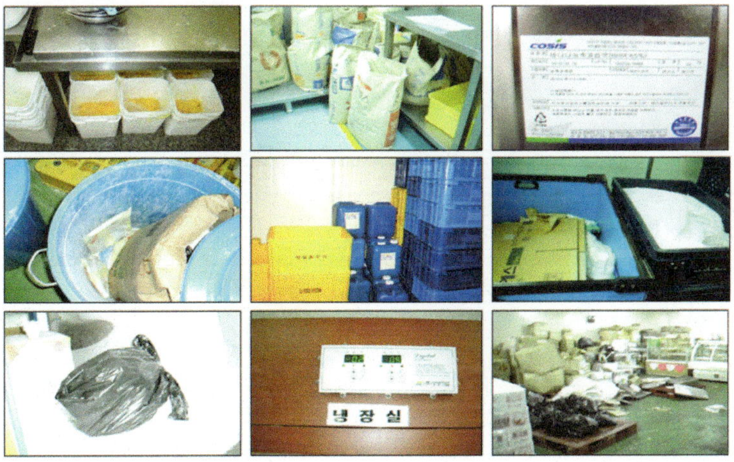

4. 식품위생 관련 법규 종류 및 체제

■ 식품위생 관련 법규 종류

법규	소관
- 식품위생법	식품의약품안전처
- 건강기능식품에관한법률	식품의약품안전처
- 축산물위생관리법	식품의약품안전처
- 농수산물품질관리법	농림축산식품부(농산물), 해양수산부(수산물), 식품의약품안전처(안전성)
- 먹는물관리법	환경부
- 학교급식법	교육부, 교육청
- 주세법	기획재정부, 국세청
- 소금산업진흥법	해양수산부
- 보건범죄단속에관한특별조치법	법무부
- 식품안전기본법	식품의약품안전처

* 식품 등의 표시·광고에 관한 법률, 감염병 예방 및 관리법, 제조물책임법, 농약관리법, 비료관리법, 가축방역법, 사료관리법, 인삼산업법, 양곡관리법, 친환경농업육성법, 약사법 중 동물약품관리사항, 식품산업육성법, 대외무역법, 소비자보호법, 토양환경보전법, 수질환경보전법, 대기환경보전법, 의료법, ...

메모

메모

4. 식품위생 관련 법규 종류 및 체제

■ 법 체제

- 헌법 국민
- 법 국회
- 시행령 대통령
- 시행규칙 장관
- 고시 부처장
- 지침, 훈령, 요령, 예규, 조례 등

식품위생법
식품위생법 시행령
식품위생법 시행규칙
식품 및 축산물 안전관리인증기준
HACCP교육훈련기관 지정절차 등

■ 식품취급단계별 관할부처

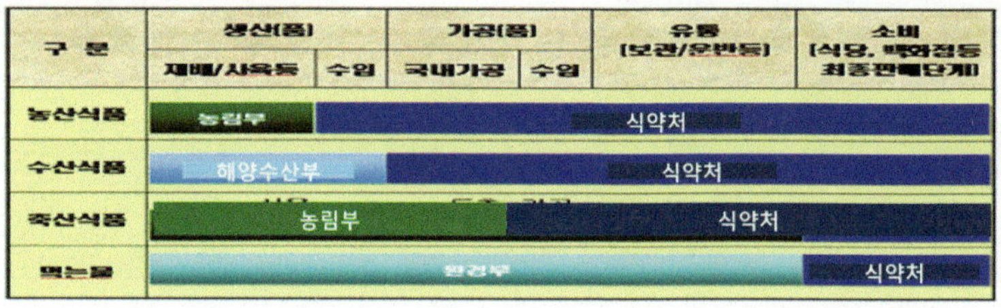

Ⅲ-2. 제과제빵 관련 식품위생법 (Food Sanitation Act)

식품위생법 | 법제처 I 국가법령정보센터 | 현행법령 > 법령명 (law.go.kr)

1. 식품위생법 개요

■ 목 적 (법 제1조)

- 식품으로 인하여 생기는 위생상의 위해를 방지하고 식품영양의 질적 향상을 도모하며 식품에 관한 올바른 정보를 제공함으로써 국민 건강의 보호·증진에 이바지함.

■ 영업자 준수사항

- 불특정다수에게 제공하거나 판매를 목적으로 식품 등을 제조·수입·가공·사용·조리·저장·운반·보존 또는 진열 등을 하는 영업자는 법에서 정하는 기본적인 사항을 준수하여야 함.

1. 식품위생법 개요

■ 주요 내용

● 준수내용

- 식품 등 취급 시 원칙 (제3조)
- 비위생적인 식품 등 배제 (제4조, 제5조, 제6조, 제8조)
- 화학적 합성품 지정 및 사용금지 (제6조)
- 식품 등 기준·규격 제정 및 위반품 배제 (제7조, 제9조, 제14조)
- 자가품질검사 (제31조)
- 수입식품 관리 (제21조)
- 식품위생감시 (제22조, 제32조, 제33조)
- 영업 등 관리 (제36조~제49조)
  . 영업허가(신고, 등록), 시설기준
  . 건강진단 및 위생교육
  . 영업자 준수사항
  . 품질 보고, 회수, 이물 보고, HACCP, 이력추적 등

메모

메모

1. 식품위생법 개요

■ 주요 내용

● 행정제재 (제71조~제84조)

- 시정명령, 폐기처분 등, 공표, 시설개수명령 등, 허가취소 등, 품목(류)제조정지, 영업허가 등 취소요청, 폐쇄조치 등, 면허취소, 행정제재 승계, 과징금, 청문

● 벌 칙 (제93조~제102조)

- 벌칙, 과태료, 양벌규정

● 기 타

- 조리사·영양사, 식품위생심의위원회, 식품위생단체, 국고보조, 식중독 조사보고, 집단급식소, 식품진흥기금, 위임 및 수수료 등

2. 영 업

■ 영업 종류 (시행령 제21조)

● 식품제조·가공업
● 즉석판매제조·가공업
● 식품첨가물제조업 : 화학적합성품, 천연첨가물, 식품첨가물 혼합제재, 기구·용기·포장의 살균·소독물질
● 식품운반업
● 식품소분·판매업 : 식품소분업, 식품판매업(식용얼음, 식품자동판매기, 유통전문, 집단급식소 식품판매, 기타식품판매), 집단급식소 식품판매업
● 식품보존업 : 식품조사처리업, 식품냉장·냉동업
● 용기·포장류제조업 : 용기·포장지, 옹기류
● 공유주방 운영업
● 식품접객업

- **제과점** : 주로 빵, 떡, 과자 등을 제조·판매하는 영업으로 음주행위가 허용되지 아니하는 영업
- **휴게음식점** : 주로 다류, 아이스크림류 등을 조리·판매하거나 패스트푸드점, 분식점 형태의 영업 등 음식류를 조리·판매하는 영업으로서 음주행위가 허용되지 아니하는 영업. 다만, 편의점·슈퍼마켓·휴게소, 기타 음식류를 판매하는 장소(만화가게 및 인터넷컴퓨터게임시설 포함)에서 컵라면, 1회용 다류, 기타 음식류에 뜨거운 물을 부어주는 경우 제외
- 일반음식점, 단란주점, 유흥주점, 위탁급식

2. 영 업

■ 영업 허가, 신고, 등록 (법 제37조, 영 제23조~제26조의3, 규칙 제40조~제48조)

● 대상업종

- **허 가**
  . 식품조사처리업(식약처), 단란주점·유흥주점(특별자치시·도 또는 시·군·구)
- **신 고** (특별자치시·도 또는 시·군·구)
  . 즉석판매제조·가공업, 식품운반업, 식품소분·판매업, 식품냉장·냉동업, 용기·포장류제조업, 위탁급식업, 휴게음식점, 일반음식점, 제과점
- **등 록** (특별자치시·도 또는 시·군·구)
  . 식품제조·가공업, 식품첨가물제조업, 공유주방 운영업

● 변경사항

- **허 가**
  . 영업소 소재지
- **신 고**
  . 영업자 성명(법인인 경우 대표자 성명), 영업소 명칭 또는 상호, 영업소 소재지, 영업장 면적, (즉석판매제조·가공업자) 새로운 식품유형 제조·가공 경우(자가품질검사 대상인 경우만)
- **등 록**
  . 영업소 소재지, (식품제조·가공업자) 추가시설로 새로운 식품군 제조·가공 경우, (식품첨가물제조업자) 추가시설로 새로운 식품첨가물 제조 경우, (공유주방 운영자) 영업 종류

2. 영 업

■ 영업 허가, 신고, 등록 (법 제37조, 영 제23조~제26조의3, 규칙 제40조~제48조)

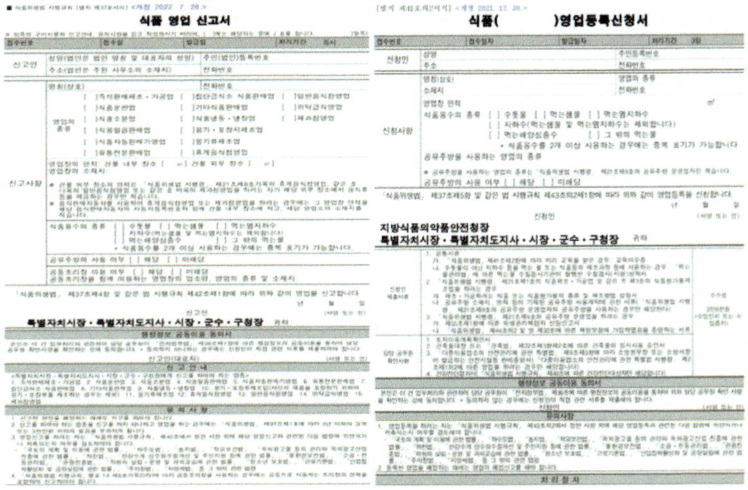

2. 영 업

■ 영업 허가, 신고, 등록 (법 제37조, 영 제23조~제26조의3, 규칙 제40조~제48조)

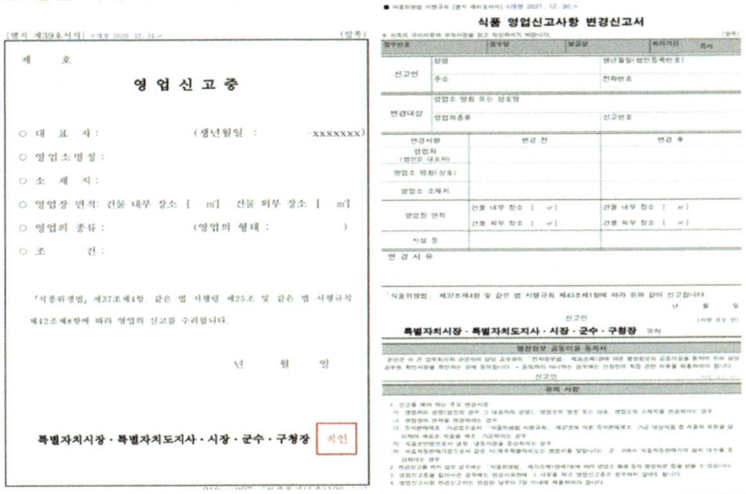

3. 품목제조보고

■ 품목제조보고 (식품 또는 식품첨가물의 제조·가공영업자, 규칙 제45조)

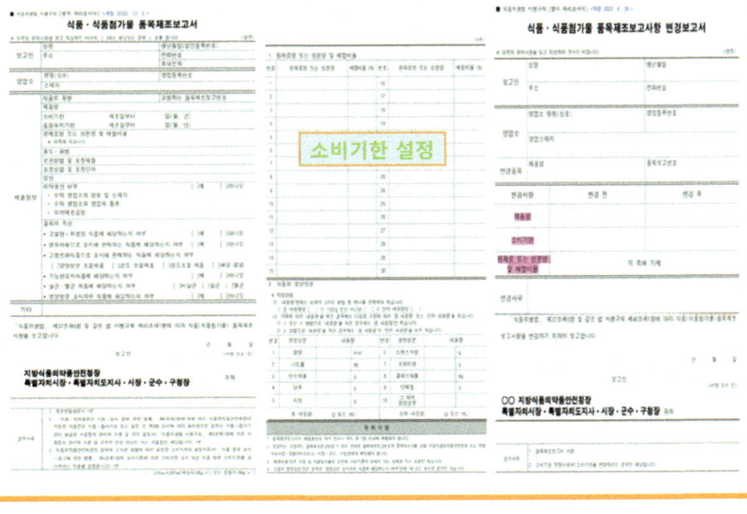

✎메모

메모

3. 품목제조보고

[유통기한 지난 우유 먹어도 될까요?]

각 식품별 유통기한 및 소비기한(유통기한 경과 후)

식품	유통기한	소비기한 (유통기한 경과 후)	보관 방법	비고
계란	45일	+ 25일	냉장 보관 필수	식품의약품안전처 및 한국소비자원 조사
우유	14일	+ 45일		
슬라이스 치즈	6개월	+ 70일		
두부	14일	+ 90일		
식빵	3일	+ 20일	밀봉 후 냉장 보관	
생면(유탕면 비포함)	상이	+ 50일	실온 보관	
냉동만두	9개월	+ 25일	냉동 보관	
식용유	2년	+ 5년	실온 보관	업계 조사
고추장	18개월	+ 2년 이상		
참기름	1년	+ 2년 6개월		
통조림	5년	+ 10년		
유음료(액상커피)	11주	+ 30일		
참치캔	5~7년	+ 10년		

* 미개봉 상태 기준

자료 : 식품의약품안전처, 한국소비자원 및 업계 추정 재구성

* 출처 : 연합뉴스 디지털뉴스, https://tv.kakao.com/v/409645507 2020.06.05 17:58

4. 위생교육

■ 위생교육 (규칙 제52조)

● 신규교육시간

- 식품제조·가공업, 식품첨가물제조업의 영업자 : 8시간
- 식품운반업, 식품소분·판매업, 식품보존업, 용기·포장류제조업의 영업자 : 4시간
- 즉석판매제조·가공업, 식품접객업의 영업자 : 6시간
- 집단급식소의 설치·운영자 : 6시간

● 보수교육시간

- 식품제조·가공업, 즉석판매제조·가공업, 식품첨가물제조업, 식품운반업, 식품소분·판매업, 식품보존업, 용기·포장류제조업, 식품접객업의 영업자 : 3시간
- 유흥주점영업의 유흥종사자 : 2시간
- 집단급식소의 설치·운영자 : 3시간

5. 영업에 종사하지 못하는 질병 종류

■ 질병 종류 (규칙 제50조)

- 「감염병의 예방 및 관리에 관한 법률」 제2조 제3호 가목에 따른 결핵(비감염성 제외)
- 「감염병의 예방 및 관리에 관한 법률 시행규칙」 제33조 제1항 각 호의 어느 하나에 해당하는 감염병(콜레라, 장티푸스, 파라티푸스, 세균성이질, 장출혈성대장균감염증, A형 간염)
- 피부병 또는 그 밖 고름형성(화농성)질환
- 후천성면역결핍증(「감염병의 예방 및 관리에 관한 법률」 제19조에 따라 성매개 감염병에 관한 건강진단을 받아야 하는 영업에 종사하는 사람만 해당)

■ 정기 건강진단

* 식품위생 분야 종사자의 건강진단 규칙
  - 건강진단 결과서(보건증)

● 진단 대상자 (규칙 제49조)

- 식품 또는 식품첨가물(화학적 합성품 또는 기구 등의 살균·소독제는 제외)을 채취·제조·가공·조리·저장·운반 또는 판매하는 일에 직접 종사하는 영업자 및 종업원
  (제외 : 완전 포장된 식품 또는 식품첨가물을 운반하거나 판매하는 일에 종사하는 사람)

● 진단 항목

- 장티푸스, 파라티푸스, 폐결핵

● 진단 시기

- 영업 시작 전 또는 영업에 종사하기 전, 매 1년마다

● 진단 기준일

- 검진일 ?, 판정일 ?, 발급일 ?

6. 위해식품 등의 판매 등 금지 (법 제4조)

판매하거나 판매 목적으로 채취·제조·수입·가공·사용·조리·저장·소분·운반 또는 진열

순번	규 정	행정처분
1	썩거나 상하거나 설익어서 인체의 건강을 해칠 우려가 있는 것	영업정지 1개월(15일)과 해당 제품 폐기
2	유독·유해물질이 들어 있거나 묻어 있는 것 또는 그러할 염려가 있는 것 (제외 : 식약처장이 인체의 건강을 해칠 우려가 없다고 인정하는 것)	영업허가·등록 취소 또는 영업소 폐쇄와 해당 제품 폐기
3	병(病)을 일으키는 미생물에 오염되었거나 그러할 염려가 있어 인체의 건강을 해칠 우려가 있는 것	
4	불결하거나 다른 물질이 섞이거나 첨가(添加)된 것 또는 그 밖의 사유로 인체의 건강을 해칠 우려가 있는 것	영업정지 1개월과 해당 제품 폐기
5	법 제18조(유전자변형식품 등의 안전성 심사 등)에 따른 안전성 심사 대상인 농·축·수산물 등 가운데 안전성 심사를 받지 아니 하였거나 안전성 심사에서 식용(食用)으로 부적합하다고 인정된 것	영업정지 2개월과 해당 제품 폐기
6	수입이 금지된 것 또는 「수입식품안전관리특별법」 제20조 제1항에 따른 수입신고를 하지 아니하고 수입한 것	
7	영업자가 아닌 자가 제조·가공·소분한 것(수분 대상이 아닌 식품 또는 식품첨가물을 소분·판매하는 것 포함)	영업정지 2개월과 해당 제품 폐기

7. 식품 등의 위생적인 취급에 관한 기준 (법 제3조, 규칙 제2조, 별표 1)

규 정	과태료 (1차 위반)
1. 식품 또는 식품첨가물을 제조·가공·사용·조리·저장·소분·운반 또는 진열할 때에는 이물이 혼입되거나 병원성 미생물 등으로 오염되지 않도록 위생적으로 취급해야 한다.	100만원
2. 식품 등을 취급하는 원료보관실·제조가공실·조리실·포장실 등의 내부는 항상 청결하게 관리하여야 한다.	50만원
3. 식품 등의 원료 및 제품 중 부패·변질이 되기 쉬운 것은 냉동·냉장시설에 보관·관리하여야 한다.	30만원
4. 식품 등의 보관·운반·진열 시에는 식품 등의 기준 및 규격이 정하고 있는 보존 및 유통 기준에 적합하도록 관리하여야 하고, 이 경우 냉동·냉장시설 및 운반시설은 항상 정상적으로 작동시켜야 한다.	100만원
5. 식품 등의 제조·가공·조리 또는 포장에 직접 종사하는 사람은 위생모 및 마스크를 착용하는 등 개인위생관리를 철저히 하여야 한다.	20만원
6. 제조·가공(수입품을 포함한다)하여 최소판매 단위로 포장된 식품 또는 식품첨가물을 허가를 받지 아니하거나 신고를 하지 아니하고 판매의 목적으로 포장을 뜯어 분할하여 판매하여서는 아니 된다.	20만원
7. 식품 등의 제조·가공·조리에 직접 사용되는 기계·기구 및 음식기는 사용 후에 세척·살균하는 등 항상 청결하게 유지·관리하여야 하며, 어류·육류·채소류를 취급하는 칼·도마는 각각 구분하여 사용하여야 한다.	50만원
8. 소비기한이 경과된 식품 등을 판매하거나 판매의 목적으로 진열·보관하여서는 아니 된다.	30만원

7. 식품 등의 위생적인 취급에 관한 기준

규 정	과태료 (1차 위반)
식품 등을 취급하는 원료보관실·제조가공실·조리실·포장실 등의 내부에 설치류, 위생 해충을 방제 및 구제하지 아니하여 설치류, 위생해충 및 그 배설물 등이 발견된 경우	100만원
건강진단을 받지 않은 영업자 건강진단을 받지 않은 종업원	20만원 10만원
건강진단을 받지 않은 자를 영업에 종사시킨 영업자 - 종업원수가 5명 이상 . 건강진단 대상자의 100분의 50 이상 위반 . 건강진단 대상자의 100분의 50 미만 위반 - 종업원수가 4명 이하 . 건강진단 대상자의 100분의 50 이상 위반 . 건강진단 대상자의 100분의 50 미만 위반	 50만원 30만원 30만원 20만원
건강진단 결과 다른 사람에게 위해를 끼칠 우려가 있는 질병이 있다고 인정된 자를 영업에 종사시킨 영업자	100만원

메모

메모

8. 업종별 시설기준 (식품접객업, 규칙 제36조, 별표 14)

■ 공통시설기준

● 영업장

- 독립된 건물이거나 식품접객업의 영업허가 또는 영업신고를 한 업종 외의 용도로 사용되는 시설과 분리, 구획 또는 구분되어야 한다. (일반음식점에서 「축산물위생관리법 시행령」 제21조 제7호 가목의 식육판매업을 하려는 경우, 휴게음식점에서 「음악산업진흥에 관한 법률」 제2조 제10호에 따른 음반·음악영상물판매업을 하는 경우 및 관할 세무서장의 의제 주류판매 면허를 받고 제과점에서 영업을 하는 경우는 제외한다). 다만, 다음의 어느 하나에 해당하는 경우에는 분리되어야 한다.
  . 식품접객업의 영업허가를 받거나 영업신고를 한 업종과 다른 식품접객업의 영업을 하려는 경우. 다만, 휴게음식점에서 일반음식점영업 또는 제과점영업을 하는 경우, 일반음식점에서 휴게음식점영업 또는 제과점영업을 하는 경우 또는 제과점에서 휴게음식점영업 또는 일반음식점영업을 하는 경우는 제외
  . 「음악산업진흥에 관한 법률」 제2조 제13호의 노래연습장업을 하려는 경우
  . 「다중이용업소의 안전관리에 관한 특별법 시행규칙」 제2조 제3호의 콜라텍업을 하려는 경우
  . 「체육시설의 설치·이용에 관한 법률」 제10조 제1항 제2호에 따른 무도학원업 또는 무도장업을 하려는 경우
  . 「동물보호법」 제2조 제1호에 따른 동물의 출입, 전시 또는 사육이 수반되는 영업을 하려는 경우
- 음향 및 반주시설을 설치하는 영업자는 「소음·진동관리법」 제21조에 따른 생활 소음·진동이 규제기준에 적합한 방음장치 등을 갖추어야 한다.

8. 업종별 시설기준 (식품접객업)

■ 공통시설기준

● 영업장

- 영업장은 연기·유해가스 등의 환기가 잘 되도록 하여야 한다.
- 공연을 하려는 휴게음식점·일반음식점 및 단란주점의 영업자는 무대시설을 영업장 안에 객석과 구분되게 설치하되, 객실 안에 설치하여서는 아니 된다.
- 「동물보호법」 제2조 제1호에 따른 동물의 출입, 전시 또는 사육이 수반되는 시설과 직접 접한 영업장의 출입구에는 손을 소독할 수 있는 장치, 용품 등을 갖추어야 한다.
- 영업장에는 도박 또는 사행행위를 조장하거나 발생시킬 우려가 있는 기구·기계·가구 등이나 성범죄와 관련된 행위를 조장하거나 발생시킬 우려가 있는 침대, 욕실 등의 기구·기계·가구 등을 설치해서는 안 된다.

● 조리장

- 조리장은 손님이 그 내부를 볼 수 있는 구조로 되어 있어야 한다. 다만, 다음 중 어느 하나에 해당하는 경우에는 그러하지 아니하다.
  . 영 제21조 제8호 바목에 따른 제과점영업소로서 같은 건물 안에 조리장을 설치하는 경우
  . 「관광진흥법 시행령」 제2조 제1항 제2호 가목 및 같은 항 제3호 마목에 따른 관광호텔업 및 관광공연장업의 조리장의 경우
  . 영업장의 손님이 조리장 내부를 실시간으로 볼 수 있도록 폐쇄회로 텔레비전(CCTV) 등 영상시스템이 설치되어 있는 경우

8. 업종별 시설기준 (식품접객업)

■ 공통시설기준

● 조리장

- 조리장 바닥에 배수구가 있는 경우에는 덮개를 설치하여야 한다.
- 조리장 안에는 취급하는 음식을 위생적으로 조리하기 위해 필요한 조리시설·세척시설·폐기물용기 및 손 씻는 시설을 각각 설치하여야 하고, 폐기물용기는 오물·악취 등이 누출되지 아니하도록 뚜껑이 있고 내수성 재질로 된 것이어야 한다.
- 1명의 영업자가 하나의 조리장을 둘 이상의 영업에 공동으로 사용할 수 있는 경우는 다음과 같다.
  . 같은 건물 내에서 휴게음식점·제과점영업, 일반음식점 및 즉석판매제조·가공업의 영업 중 둘 이상의 영업을 하려는 경우
  . 제과점 영업자가 식품제조·가공업 또는 즉석판매제조·가공업의 제과·제빵류 품목을 제조·가공하려는 경우
  . 제과점 영업자가 다음의 구분에 따라 둘 이상의 제과점영업을 하는 경우
    - 기존 제과점의 영업신고관청과 같은 관할구역에서 제과점영업을 하는 경우
    - 기존 제과점의 영업신고관청과 다른 관할구역에서 제과점영업을 하는 경우로 제과점 간 거리가 5킬로미터 이내인 경우
- 식품 등의 기준 및 규격 중 식품별 보존 및 유통기준에 적합한 온도가 유지될 수 있는 냉장시설 또는 냉동시설을 갖추어야 한다.
- 조리장 내부에는 쥐, 바퀴 등 설치류 또는 위생해충 등이 들어오지 못하게 해야 한다.

8. 업종별 시설기준 (식품접객업)

■ 공통시설기준

● 조리장

- 조리장에는 주방용 식기류를 소독하기 위한 자외선 또는 전기살균소독기를 설치하거나 열탕세척소독시설(식중독을 일으키는 병원성 미생물 등이 살균될 수 있는 시설이어야 한다.)을 갖추어야 한다. 다만, 주방용 식기류를 기구 등의 살균·소독제로만 소독하는 경우에는 그러하지 아니하다.
- 충분한 환기를 시킬 수 있는 시설을 갖추어야 한다. 다만, 자연적으로 통풍이 가능한 구조의 경우에는 그러하지 아니하다.

● 화장실

- 화장실은 콘크리트 등으로 내수처리를 하여야 한다. 다만, 공중화장실이 설치되어 있는 역·터미널·유원지 등에 위치하는 업소, 공동화장실이 설치된 건물 안에 있는 업소 및 인근에 사용하기 편리한 화장실이 있는 경우에는 따로 화장실을 설치하지 아니할 수 있다.
- 화장실은 조리장에 영향을 미치지 아니하는 장소에 설치하여야 한다.
- 정화조를 갖춘 수세식 화장실을 설치하여야 한다. 다만, 상·하수도가 설치되지 아니한 지역에서는 수세식이 아닌 화장실을 설치할 수 있다.
- 위 단서에 따라 수세식이 아닌 화장실을 설치하는 경우에는 변기의 뚜껑과 환기시설을 갖추어야 한다.
- 화장실에는 손을 씻는 시설을 갖추어야 한다.

8. 업종별 시설기준 (식품접객업)

■ 공통시설기준

● 급수시설

- 수돗물이나 「먹는물관리법」 제5조에 따른 먹는물의 수질기준에 적합한 지하수 등을 공급할 수 있는 시설을 갖추어야 한다.
- 지하수를 사용하는 경우 취수원은 화장실·폐기물처리시설·동물사육장, 그 밖에 지하수가 오염될 우려가 있는 장소로부터 영향을 받지 아니하는 곳에 위치하여야 한다.

● 공통시설기준의 적용특례

- 백화점, 슈퍼마켓 등에서 휴게음식점영업 또는 제과점영업을 하려는 경우와 음식물을 전문으로 조리하여 판매하는 백화점 등의 일정장소(식당가를 말한다)에서 휴게음식점영업·일반음식점영업 또는 제과점영업을 하려는 경우로서 위생상 위해발생의 우려가 없다고 인정되는 경우에는 각 영업소와 영업소 사이를 분리 또는 구획하는 별도의 차단벽이나 칸막이 등을 설치하지 아니할 수 있다.
- 공통시설기준에도 불구하고 다음의 경우에는 특별자치시장·특별자치도지사·시장·군수·구청장(시·도에서 음식물의 조리·판매행위를 하는 경우에는 시·도지사)이 시설기준을 따로 정할 수 있다

8. 업종별 시설기준 (식품접객업)

■ 업종별 시설기준

● 휴게음식점·일반음식점 및 제과점

- 휴게음식점 또는 제과점에는 객실(투명한 칸막이 또는 투명한 차단벽을 설치하여 내부가 전체적으로 보이는 경우는 제외한다)을 둘 수 없으며, 객석을 설치하는 경우 객석에는 높이 1.5미터 미만의 칸막이(이동식 또는 고정식)를 설치할 수 있다. 이 경우 2면 이상을 완전히 차단하지 아니하여야 하고, 다른 객석에서 내부가 서로 보이도록 하여야 한다.
- 영업장으로 사용하는 바닥면적(「건축법 시행령」 제119조 제1항 제3호에 따라 산정한 면적을 말한다)의 합계가 100제곱미터(영업장이 지하층에 설치된 경우에는 그 영업장의 바닥면적 합계가 66제곱미터) 이상인 경우에는 「다중이용업소의 안전관리에 관한 특별법」 제9조 제1항에 따른 소방시설 등 및 영업장 내부 피난통로 그 밖의 안전시설을 갖추어야 한다. 다만, 영업장(내부계단으로 연결된 복층구조의 영업장을 제외한다)이 지상 1층 또는 지상과 직접 접하는 층에 설치되고 그 영업장의 주된 출입구가 건축물 외부의 지면과 직접 연결되는 곳에서 하는 영업을 제외한다.
- 휴게음식점·일반음식점 또는 제과점의 영업장에는 손님이 이용할 수 있는 자막용 영상장치 또는 자동반주장치를 설치하여서는 아니 된다. 다만, 연회석을 보유한 일반음식점에서 회갑연, 칠순연 등 가정의 의례로서 행하는 경우에는 그러하지 아니하다.
- 건물의 외부에 있는 영업장에는 손님의 안전을 확보하기 위해 「건축법」 등 관계 법령에서 정하는 바에 따라 필요한 시설·설비 또는 기구 등을 설치해야 한다.

메모

✎메모

8. 업종별 시설기준 (식품제조·가공업)

■ 식품의 제조시설과 원료 및 제품의 보관시설 등이 설비된 **건축물**(이하 "건물"이라 한다)의 위치 등

- 건물의 위치는 축산폐수·화학물질, 그 밖에 오염물질의 발생시설로부터 식품에 나쁜 영향을 주지 아니하는 거리를 두어야 한다.
- 건물의 구조는 제조하려는 식품의 특성에 따라 적정한 온도가 유지될 수 있고, 환기가 잘 될 수 있어야 한다.
- 건물의 자재는 식품에 나쁜 영향을 주지 아니하고 식품을 오염시키지 아니하는 것이어야 한다.

■ **작업장**

- 작업장은 독립된 건물이거나 식품제조·가공 외의 용도로 사용되는 시설과 분리(별도의 방을 분리함에 있어 벽이나 층 등으로 구분하는 경우를 말한다. 이하 같다)되어야 한다.
- 작업장은 원료처리실·제조가공실·포장실 및 그 밖에 식품의 제조·가공에 필요한 작업실을 말하며, 각각의 시설은 분리 또는 구획(칸막이·커튼 등으로 구분하는 경우를 말한다. 이하 같다)되어야 한다. 다만, 제조공정의 자동화 또는 시설·제품의 특수성으로 인하여 분리 또는 구획할 필요가 없다고 인정되는 경우로서 각각의 시설이 서로 구분(선·줄 등으로 구분하는 경우를 말한다. 이하 같다)될 수 있는 경우에는 그러하지 아니하다.

8. 업종별 시설기준 (식품제조·가공업)

■ **작업장**

- 작업장의 바닥·내벽 및 천장 등은 다음과 같은 구조로 설비되어야 한다.
  . 바닥은 콘크리트 등으로 내수처리를 하여야 하며, 배수가 잘 되도록 하여야 한다.
  . 내벽은 바닥으로부터 1.5미터까지 밝은 색의 내수성 설비하거나 세균방지용 페인트로 도색하여야 한다. 다만, 물을 사용하지 않고 위생상 위해발생의 우려가 없는 경우에는 그러하지 아니하다.
  . 작업장의 내부 구조물, 벽, 바닥, 천장, 출입문, 창문 등은 내구성, 내부식성 등을 가지고, 세척·소독이 용이하여야 한다
- 작업장 안에서 발생하는 악취·유해가스·매연·증기 등을 환기시키기에 충분한 환기시설을 갖추어야 한다.
- 작업장은 외부의 오염물질이나 해충, 설치류, 빗물 등의 유입을 차단할 수 있는 구조이어야 한다.
- 작업장은 폐기물·폐수 처리시설과 격리된 장소에 설치하여야 한다.

8. 업종별 시설기준 (식품제조·가공업)

■ **식품취급시설**

- 식품을 제조·가공하는데 필요한 기계·기구류 등 식품취급시설은 식품 의 특성에 따라 식품의약품안전처장이 고시하는 식품 등의 기준 및 규격에서 정하고 있는 제조·가공기준에 적합한 것이어야 한다.
- 식품취급시설 중 식품과 직접 접촉하는 부분은 위생적인 내수성재질[스테인레스·알루미늄·에프알피(FRP)·테프론 등 물을 흡수하지 아니하는 것을 말한다. 이하 같다]로서 씻기 쉬운 것이거나 위생적인 목재로서 씻는 것이 가능한 것이어야 하며, 열탕·증기·살균제 등으로 소독·살균이 가능한 것이어야 한다.
- 냉동·냉장시설 및 가열처리시설에는 온도계 또는 온도를 측정할 수 있는 계기를 설치하여야 한다.

■ **급수시설**

- 수돗물이나 「먹는물관리법」 제5조에 따른 먹는물의 수질기준에 적합한 지하수 등을 공급할 수 있는 시설을 갖추어야 한다.
- 지하수 등을 사용하는 경우 취수원은 화장실·폐기물처리시설·동물사육장, 그 밖에 지하수가 오염될 우려가 있는 장소로부터 영향을 받지 아니하는 곳에 위치하여야 한다.
- 먹기에 적합하지 않은 용수는 교차 또는 합류되지 않아야 한다.

8. 업종별 시설기준 (식품제조·가공업)

■ 창고 등의 시설

- 원료와 제품을 위생적으로 보관·관리할 수 있는 창고를 갖추어야 한다. 다만 다음의 어느 하나에 해당하는 경우에는 창고를 갖추지 않을 수 있다.
  . 창고에 갈음할 수 있는 냉동·냉장시설을 따로 갖춘 경우
- 창고의 바닥에는 양탄자를 설치하여서는 아니 된다.

■ 운반시설

- 식품을 운반하기 위한 차량, 운반도구 및 용기를 갖춘 경우 식품과 직접 접촉하는 부분의 재질은 인체에 무해하며 내수성·내부식성을 갖추어야 한다.

■ 화장실

- 작업장에 영향을 미치지 아니하는 곳에 정화조를 갖춘 수세식 화장실을 설치하여야 한다. 다만, 인근에 사용하기 편리한 화장실이 있는 경우에는 화장실을 따로 설치하지 아니할 수 있다.
- 화장실은 콘크리트 등으로 내수처리를 하여야 하고, 바닥과 내벽(바닥으로부터 1.5미터까지)에는 타일을 붙이거나 방수페인트로 색칠하여야 한다.

8. 업종별 시설기준 (식품제조·가공업)

■ 검사실

- 식품 등의 기준 및 규격을 검사할 수 있는 검사실을 갖추어야 한다. 다만, 다음 각 호의 어느 하나에 해당하는 경우에는 이를 갖추지 아니할 수 있다.
  . 법 제31조 제2항에 따라 「식품·의약품분야 시험·검사 등에 관한 법률」에 따른 자가품질 위탁시험·검사기관 등에 위탁검사
  . 같은 영업자가 다른 장소에 영업신고한 같은 업종의 영업소에 검사실을 갖추고 그 검사실에서 자가품질검사
  . 같은 영업자가 설립한 식품 관련 연구·검사기관에서 자가품질검사
  . 「독점규제 및 공정거래에 관한 법률」에 따른 기업집단에 속하는 식품관련 연구·검사기관 또는 계열회사가 영업신고한 같은 업종의 영업소의 검사실에서 자가품질검사
  . 같은 영업자, 동일한 기업집단에 속하는 식품관련 연구·검사기관 또는 영업자의 계열회사가 식품첨가물제조업, 축산물가공업, 건강기능식품전문제조업, 의약품·의약외품을 제조하는 영업 또는 화장품의 전부 또는 일부를 제조하는 영업을 하면서 해당 영업소에 검사실 또는 시험실을 갖추고 자가품질검사
- 검사실을 갖추는 경우에는 자가품질검사에 필요한 기계·기구 및 시약류를 갖추어야 한다.

■ 시설기준 적용의 특례

- 식품제조·가공업자가 창고의 용량이 부족하여 생산한 반제품을 보관할 수 없는 경우에는 영업 등록을 한 영업소의 소재지와 다른 곳에 설치하거나 임차한 창고에 일시적으로 보관할 수 있다.
- 공유주방 운영업의 시설을 사용하는 경우에는 제10호의 공유주방 운영업의 시설기준에 따른다.

9. 영업자 및 종업원 준수사항 (식품접객업, 규칙 제57조, 별표 17)

- 물수건, 숟가락, 젓가락, 식기, 찬기, 도마, 칼, 행주, 그 밖의 주방용구는 기구 등의 살균·소독제 또는 열탕, 자외선살균 또는 전기살균의 방법으로 소독한 것을 사용하여야 한다.
- 「식품 등의 표시·광고에 관한 법률」 제4조 및 제5조에 따른 표시사항을 모두 표시하지 않은 축산물, 「축산물 위생관리법」 제7조 제1항을 위반하여 허가받지 않은 작업장에서 도축·집유·가공·포장 또는 보관된 축산물, 같은 법 제12조 제1항·제2항에 따른 검사를 받지 않은 축산물, 같은 법 제22조에 따른 영업 허가를 받지 아니한 자가 도축·집유·가공·포장 또는 보관된 축산물 또는 같은 법 제33조 제1항에 따른 축산물 또는 실험 등의 용도로 사용한 동물은 음식물의 조리에 사용하여서는 아니 된다.
- 업소 안에서는 도박이나 그 밖의 사행행위 또는 풍기문란행위를 방지하여야 하며, 배달판매 등의 영업행위 중 종업원의 이러한 행위를 조장하거나 묵인하여서는 아니 된다.
- 제과점영업자가 별표 14 제8호 가목 2) 라) (5)에 따라 조리장을 공동 사용하는 경우 빵류를 실제 제조한 업소명과 소재지를 소비자가 알아볼 수 있도록 별도로 표시하여야 한다. 이 경우 게시판, 팻말 등 다양한 방법으로 표시할 수 있다.
- 간판에는 허가를 받거나 신고한 상호를 표시하여야 한다. 이 경우 상호와 함께 외국어를 병행하여 표시할 수 있으나 업종구분에 혼동을 줄 수 있는 사항은 표시하여서는 아니 된다.

메모

메모

9. 영업자 및 종업원 준수사항 (식품접객업)

- 손님이 보기 쉽도록 영업소의 외부 또는 내부에 가격표(부가가치세 등이 포함된 것으로서 손님이 실제로 내야 하는 가격이 표시된 가격표를 말한다)를 붙이거나 게시하되, 신고한 영업장 면적이 150제곱미터 이상인 휴게음식점 및 일반음식점은 영업소의 외부와 내부에 가격표를 붙이거나 게시하여야 하고, 가격표대로 요금을 받아야 한다.
- 영업허가증·영업신고증·조리사면허증(조리사를 두어야 하는 영업에만 해당한다)을 영업소 안에 보관하고, 허가관청 또는 신고관청이 식품위생·식생활개선 등을 위하여 게시할 것을 요청하는 사항을 손님이 보기 쉬운 곳에 게시하여야 한다.
- 식품의약품안전처장 또는 시·도지사가 국민에게 혐오감을 준다고 인정하는 식품을 조리·판매하여서는 아니 되며, 「멸종위기에 처한 야생동식물종의 국제거래에 관한 협약」에 위반하여 포획·채취한 야생동물·식물을 사용하여 조리·판매하여서는 아니 된다.
- 소비기한이 경과된 제품·식품 또는 그 원재료를 조리·판매의 목적으로 운반·진열·보관하거나 이를 판매 또는 식품의 조리에 사용해서는 안 되며, 해당 제품·식품 또는 그 원재료를 진열·보관할 때에는 폐기용 또는 교육용이라는 표시를 명확하게 해야 한다.

9. 영업자 및 종업원 준수사항 (식품접객업)

- 허가를 받거나 신고한 영업 외의 다른 영업시설을 설치하거나 다음에 해당하는 영업행위를 하여서는 아니 된다.
  - 휴게음식점영업자·일반음식점영업자 또는 단란주점영업자가 유흥접객원을 고용하여 유흥접객행위를 하게 하거나 종업원의 이러한 행위를 조장하거나 묵인하는 행위
  - 휴게음식점영업자·일반음식점영업자가 음향 및 반주시설을 갖추고 손님이 노래를 부르도록 허용하는 행위. 다만, 연회석을 보유한 일반음식점에서 회갑연, 칠순연 등 가정의 의례로서 행하는 경우에는 그러하지 아니하다.
  - 일반음식점영업자가 주류만을 판매하거나 주로 다류를 조리·판매하는 다방형태의 영업을 하는 행위
  - 휴게음식점영업자가 손님에게 음주를 허용하는 행위
  - 식품접객업소의 영업자 또는 종업원이 영업장을 벗어나 시간적 소요의 대가로 금품을 수수하거나, 영업자가 종업원의 이러한 행위를 조장하거나 묵인하는 행위
  - 휴게음식점영업 중 주로 다류 등을 조리·판매하는 영업소에서 「청소년보호법」 제2조제1호에 따른 청소년인 종업원에게 영업소를 벗어나 다류 등을 배달하게 하여 판매하는 행위
  - 휴게음식점영업자·일반음식점영업자가 음향시설을 갖추고 손님이 춤을 추는 것을 허용하는 행위. 다만, 특별자치도·시·군·구의 조례로 별도의 안전기준, 시간 등을 정하여 별도의 춤을 추는 공간이 아닌 객석에서 춤을 추는 것을 허용하는 경우는 제외한다.

9. 영업자 및 종업원 준수사항 (식품접객업)

- 손님을 꾀어서 끌어들이는 행위를 하여서는 아니 된다.
- 업소 안에서 선량한 미풍양속을 해치는 공연, 영화, 비디오 또는 음반을 상영하거나 사용하여서는 아니 된다.
- 수돗물이 아닌 지하수 등을 먹는 물 또는 식품의 조리·세척 등에 사용하는 경우에는 「먹는물관리법」 제43조에 따른 먹는 물 수질검사기관에서 다음의 검사를 받아 마시기에 적합하다고 인정된 물을 사용하여야 한다. 다만, 둘 이상의 업소가 같은 건물에서 같은 수원을 사용하는 경우에는 하나의 업소에 대한 시험결과로 해당 업소에 대한 검사에 갈음할 수 있다.
  - 일부 항목 검사 : 1년(모든 항목 검사를 하는 연도는 제외함) 마다 「먹는물 수질기준 및 검사 등에 관한 규칙」 제4조에 따른 마을상수도의 검사기준에 따른 검사(잔류염소검사는 제외함)를 하여야 한다. 다만, 시·도지사가 오염의 염려가 있다고 판단하여 지정한 지역에서는 같은 규칙 제2조에 따른 먹는물의 수질기준에 따른 검사를 하여야 한다.
  - 모든 항목 검사 : 2년마다 「먹는물 수질기준 및 검사 등에 관한 규칙」 제2조에 따른 먹는물의 수질기준에 따른 검사
- 식품접객업영업자는 손님이 먹고 남긴 음식물이나 먹을 수 있게 진열 또는 제공한 음식물에 대해서는 다시 사용·조리 또는 보관(폐기용이라는 표시를 명확하게 하여 보관하는 경우는 제외함)해서는 안 된다. 다만, 식품의약품안전처장이 인터넷 홈페이지에 별도로 정하여 게시한 음식물에 대해서는 다시 사용·조리 또는 보관할 수 있다.

9. 영업자 및 종업원 준수사항 (식품접객업)

- 식품접객업자는 공통찬통, 소형찬기 또는 복합찬기, 국·찌개·반찬 등을 덜어 먹을 수 있는 기구 또는 1인 반상을 사용하거나 손님이 남은 음식물을 싸서 가지고 갈 수 있도록 포장용기를 비치하고 이를 손님에게 알리는 등 음식문화개선과 「감염병의 예방 및 관리에 관한 법률」 제49조에 따른 감염병의 예방 조치사항 준수를 위해 노력하여야 한다.
- 법 제15조 제2항에 따른 위해평가가 완료되기 전까지 일시적으로 금지된 식품 등을 사용·조리하여서는 아니 된다.
- 법 제47조 제1항에 따른 모범업소가 아닌 업소의 영업자는 모범업소로 오인·혼동할 우려가 있는 표시를 하여서는 아니 된다.
- 손님에게 조리하여 제공하는 식품의 주재료, 중량 등이 아목에 따른 가격표에 표시된 내용과 달라서는 아니 된다.
- 음식판매자동차를 사용하는 휴게음식점영업자 및 제과점영업자는 신고한 장소가 아닌 장소에서 그 음식판매자동차로 휴게음식점영업 및 제과점영업을 하여서는 아니 된다.
- 법 제47조의2 제1항에 따라 위생등급을 지정받지 아니한 식품접객업소의 영업자는 위생등급 지정업소로 오인·혼동할 우려가 있는 표시를 해서는 아니 된다.

9. 영업자 및 종업원 준수사항 (식품접객업)

- 식품접객업자는 조리 · 제조한 식품을 주문한 손님에게 판매해야 하며, 유통 · 판매를 목적으로 하는 자에게 판매하거나 다른 식품접객업자가 조리 · 제조한 식품을 자신의 영업에 사용해서는 안 된다. 다만, 다음의 경우는 제외한다.
  - 제과점영업자가 당일 제조한 빵류 · 과자류 및 떡류를 휴게음식점영업자 · 일반음식점영업자 · 위탁급식영업자 또는 집단급식소 설치 · 운영자에게 당일 판매하는 경우
  - 휴게음식점영업자 · 일반음식점영업자가 제과점영업자 또는 즉석판매제조 · 가공업자로부터 당일 제조 · 가공한 빵류 · 과자류 및 떡류를 구입하여 구입 당일 판매하는 경우
- 위에 따라 당일 제조 · 가공한 빵류 · 과자류 및 떡류를 당일 판매하는 경우 이를 확인할 수 있는 증명서(제품명, 제조일자 및 판매량 등이 포함된 거래명세서나 영수증 등을 말한다)를 6개월간 보관해야 한다.
- 식품접객영업자는 「재난 및 안전관리 기본법」 제38조 제2항 본문에 따라 경계 또는 심각의 위기경보(「감염병의 예방 및 관리에 관한 법률」에 따른 감염병 확산의 경우만 해당한다)가 발령된 경우에는 손님의 보건위생을 위해 해당 영업장에 손을 소독할 수 있는 용품이나 장치를 갖춰 두어야 한다.
- 휴게음식점영업자 · 일반음식점영업자 또는 제과점영업자는 건물 외부에 있는 영업장에서는 건물 내부에서 조리 · 제조한 음식류 등만을 제공해야 한다. 다만, 주거지역과 인접하지 않아 환경 위해 우려가 적은 장소 · 지역으로서 특별자치시 · 특별자치도 · 시 · 군 · 구의 조례로 별도의 기준을 정한 경우는 건물 외부에서 조리 · 제조한 음식류 등을 제공할 수 있다.

9. 영업자 및 종업원 준수사항 (식품접객업)

- 공유주방 운영업자와의 계약을 통해 공유주방을 사용하는 휴게음식점영업자 · 일반음식점영업자 또는 제과점영업자는 다음 각 호의 사항을 준수해야 한다.
  - 영업자 간 원재료 및 제품을 공동으로 사용하지 말 것
  - 위생관리책임자가 실시하는 위생교육을 매월 1시간 이상 받을 것

메모

메모

9. 영업자 및 종업원 준수사항 (식품제조가공업)

- 생산 및 작업기록에 관한 서류와 원료의 입고·출고·사용에 대한 원료출납 관계 서류를 작성하되 이를 거짓으로 작성해서는 안된다. 이 경우 해당 서류는 최종 기재일부터 3년간 보관하여야 한다.
- 식품제조·가공업자는 제품의 거래기록을 작성하여야 하고, 최종 기재일부터 2년간 보관하여야 한다.
- 소비기한이 경과된 제품·식품 또는 그 원재료를 제조·가공·판매의 목적으로 운반·진열·보관(대리점으로 하여금 진열·보관하게 하는 경우를 포함함)하거나 이를 판매(대리점으로 하여금 판매하게 하는 경우를 포함함) 또는 식품의 제조·가공에 사용해서는 안 되며, 해당 제품·식품 또는 그 원재료를 진열·보관할 때에는 폐기용 또는 교육용이라는 표시를 명확하게 해야 한다.
- 식품제조·가공업자는 장난감 등을 식품과 함께 포장하여 판매하는 경우 장난감 등이 식품의 보관·섭취에 사용되는 경우를 제외하고는 식품과 구분하여 별도로 포장하여야 한다. 이 경우 장난감 등은 「전기용품 및 생활용품 안전관리법」 제5조제3항 본문에 따른 제품시험의 안전기준에 적합한 것이어야 한다.

9. 영업자 및 종업원 준수사항 (식품제조가공업)

- 식품제조·가공업자 또는 식품첨가물제조업자는 별표 14 제 1호 자목 2) 또는 제3호에 따라 식품제조·가공업 또는 식품첨가물제조업의 영업등록을 한 자에게 위탁하여 식품 또는 식품첨가물을 제조·가공하는 경우에는 위탁한 그 제조·가공업자에 대하여 반기별 1회 이상 위생관리상태 등을 점검하여야 한다. 다만, 위탁하려는 식품과 동일한 식품에 대하여 법 제48조에 따라 식품안전관리인증기준적용업소로 인증받거나 「어린이 식생활안전관리 특별법」 제14조에 따라 품질인증을 받은 영업자에게 위탁하는 경우는 제외한다.
- 식품제조·가공업자 및 식품첨가물제조·가공업자는 이물이 검출되지 아니하도록 필요한 조치를 하여야 하고 소비자로부터 이물 검출 등 불만사례 등을 신고받은 경우 그 내용을 기록하여 2년간 보관하여야 하며 이 경우 소비자가 제시한 이물과 증거품(사진, 해당 식품 등을 말한다)은 6개월간 보관하여야 한다. 다만, 부패하거나 변질될 우려가 있는 이물 또는 증거품은 2개월간 보관할 수 있다.
- 식품제조·가공업자는 「식품 등의 표시·광고에 관한 법률」 제4조 및 제5조에 따른 표시사항을 모두 표시하지 않은 축산물, 「축산물 위생관리법」 제7조 제1항을 위반하여 허가받지 않은 작업장에서 도축·집유·가공·포장 또는 보관된 축산물, 같은 법 제12조 제1항·제2항에 따른 검사를 받지 않은 축산물, 같은 법 제22조에 따른 영업 허가를 받지 아니한 자가 도축·집유·가공·포장 또는 보관된 축산물 또는 같은 법 제33조 제1항에 따른 축산물 또는 실험 등의 용도로 사용한 동물을 식품의 제조 또는 가공에 사용하여서는 아니 된다.

9. 영업자 및 종업원 준수사항 (식품제조가공업)

- 수돗물이 아닌 지하수 등을 먹는물 또는 식품의 제조·가공 등에 사용하는 경우에는 「먹는물관리법」 제43조에 따른 먹는물 수질검사기관에서 1년(음료류 등 마시는 용도의 식품인 경우에는 6개월)마다 「먹는물관리법」 제5조에 따른 먹는물의 수질기준에 따라 검사를 받아 마시기에 적합하다고 인정된 물을 사용하여야 한다.
- 법 제15조 제2항에 따라 위해평가가 완료되기 전까지 일시적으로 금지된 제품에 대하여는 이를 제조·가공·유통·판매하여서는 아니 된다.
- 식품제조·가공업자가 자신의 제품을 만들기 위하여 수입한 반가공 원료, 식품 및 용기·포장과 「대외무역법」에 따른 외화획득용 원료로 수입한 식품 등을 부패하거나 변질되어 또는 소비기한이 경과하여 폐기한 경우에는 이를 증명하는 자료를 작성하고, 최종 작성일부터 2년간 보관하여야 한다.
- 법 제31조 제1항에 따라 자가품질검사를 하는 식품제조·가공업자 또는 식품첨가물제조업자는 검사설비에 검사결과의 변경 시 변경내용이 기록·저장되는 시스템을 설치·운영하여야 한다.
- 식품제조·가공업자가 제조·가공 과정에서 생산한 반제품을 별표 14 제1호 자목 7)에 따라 일시적으로 보관하려는 때에는 그 반제품을 사용하여 제조·가공하려는 제품의 명칭, 보관조건, 보관조건에서 설정한 보관기한, 제조 및 반입일자를 표시하여 보관해야 한다. 이 경우 해당 제품의 입고·출고에 대한 기록을 작성하고, 최종 기재일부터 3년간 보관해야 한다.

9. 영업자 및 종업원 준수사항 (식품제조가공업)

● 공유주방 운영업자와의 계약을 통해 공유주방을 사용하는 영업자는 다음 각 호의 사항을 준수해야 한다.
- 영업자 간 원재료 및 제품을 공동으로 사용하지 말 것
- 위생관리책임자가 실시하는 위생교육을 매월 1시간 이상 받을 것

10. 표시기준 (식품 등의 표시·광고에 관한 법률)

■ 표시 의무자 (규칙 제4조)

● 「식품위생법 시행령」 제21조에 따른 다음 영업자
- 식품제조·가공업(식용얼음은 용기·포장에 5킬로그램 이하로 넣거나 싸서 생산)
- 즉석판매제조·가공업
- 식품첨가물제조업
- 식품소분업, 식용얼음판매업(5킬로그램 이하로 유통 또는 판매), 집단급식소 식품판매업
- 용기·포장류제조업

● 「축산물 위생관리법 시행령」 제21조에 따른 다음 영업자
- 도축업(닭·오리 식육 포장자만)
- 축산물가공업
- 식용란선별포장업
- 식육포장처리업
- 식육판매업, 식육부산물전문판매업, 식용란수집판매업
- 식육즉석판매가공업

● 「건강기능식품에 관한 법률」 제4조 제1호에 따른 건강기능식품제조업 영업자

● 「수입식품안전관리 특별법 시행령」 제2조 제1호에 따른 수입식품 등 수입·판매업 영업자

● 「축산법」 제22조 제1항 제4호에 따른 가축사육업 영업자 중 식용란 출하자

● 농산물·임산물·수산물 또는 축산물의 용기·포장 후 출하·판매자

● 법 제2조 제3호에 따른 기구 생산, 유통 또는 판매자

10. 표시기준

■ 표시사항 (과자류, 빵류 또는 떡류, 식품 등의 표시기준)

● 유 형
- 과자, 캔디류, 추잉껌, 빵류, 떡류

● 표시사항
- 제품명
- 식품유형
- 영업소(장)의 명칭(상호) 및 소재지
- 소비기한 *(즉석섭취식품 중 도시락·김밥·햄버거·샌드위치·초밥은 제조연월일 및 소비기한)*
- 내용량 및 내용량에 해당하는 열량 (단, 열량은 과자, 캔디류, 빵류, 떡류에 한하며 내용량 뒤에 괄호로 표시)
- 원재료명
- 영양성분(추잉껌 제외)
- 용기·포장 재질
- 품목보고번호
- 성분명 및 함량(해당 경우에 한함)
- 보관방법(해당 경우에 한함)

메모

메모

10. 표시기준

■ **표시사항** (과자류, 빵류 또는 떡류)

● **표시사항**

- 주의사항
  . 부정·불량식품신고표시
  . 알레르기 유발물질(해당 경우에 한함)
  . 기타(해당 경우에 한함)
- 조사처리식품(해당 경우에 한함)
- 유전자변형식품(해당 경우에 한함)
- 기타 표시사항
  . 유탕 또는 유처리한 제품은 "유탕처리제품" 또는 "유처리제품"으로 표시하여야 한다. (과자, 캔디류, 추잉껌에 한함)
  . 유산균 함유 과자, 캔디류는 그 함유된 유산균수를 표시하여야 하며, 특정균의 함유 사실을 표시하고자 할 때에는 그 균의 함유균수를 표시하여야 한다.
  . 한입크기로 작은 용기에 담겨져 있는 젤리제품(미니컵젤리제품)에 대하여 잘못 섭취에 따른 질식을 방지하기 위한 경고문구를 표시하여야 한다.
  (예시) "얼려서 드시지 마십시오. 한번에 드실 경우 질식의 위험이 있으니 잘 씹어 드십시오. 5세 이하 어린이 및 노약자는 섭취를 금하여 주십시오" 등

10. 표시기준

■ **표시사항** (과자류, 빵류 또는 떡류)

● **표시사항**

- 냉동 가공식품(축산물가공품 제외)을, 식육가공업 영업자가 냉동 식육가공품을, 유가공업 영업자가 냉동 유가공품을, 알가공업 영업자가 냉동 알가공품을 해동하여 보관 및 유통하려는 경우에는 다음의 표시사항을 표시하여야 한다. 다만, 이 경우에는 스티커, 라벨(Label) 또는 꼬리표(Tag)를 사용할 수 있으나 떨어지지 아니하게 부착하여야 한다.
  . 제조연월일, 해동연월일, 냉동식품으로서의 소비기한(또는 품질유지기한) 이내로 설정한 해동 후 소비기한(또는 품질유지기한)
  . 해동한 제조업체의 명칭과 소재지(냉동제품의 제조업체와 동일한 경우는 생략 가능)
  . 해동 후 보관방법 및 주의사항
  . "이 제품은 냉동식품을 해동한 제품이니 재 냉동시키지 마시길 바랍니다" 라는 문구 표시
- 냉동식품은 해당 식품의 냉동보관방법 및 조리 시의 해동방법을 표시하여야 한다.
- 조리 또는 가열처리가 필요한 냉동식품은 그 조리 또는 가열처리방법을 표시하여야 한다.

10. 표시기준

■ **표시서식도안 사례**

10. 표시기준 (영양표시) (규칙 제6조, 별표 4)

■ 영양표시 대상식품

- 과자류, 빵류 또는 떡류 : 과자, 캔디류, 빵류 및 떡류 - 레토르트식품(축산물 제외) - 잼류
- 빙과류 : 아이스크림류 및 빙과 - 코코아가공품류 또는 초콜릿류 - 당류 : 당류가공품
- 두부류 또는 묵류 - 면류 - 특수영양식품 - 특수의료용도식품 - 식용유지류 : 식물성유지류 및 식용유지가공품(모조치즈 및 기타 식용유지가공품 제외) - 음료류 : 다류(침출차·고형차 제외), 커피(볶은커피·인스턴트커피 제외), 과일·채소류음료, 탄산음료류, 두유류, 발효음료류, 인삼·홍삼음료 및 기타 음료 - 장류 : 개량메주, 한식간장(한식메주를 이용한 한식간장 제외), 양조간장, 산분해간장, 효소분해간장, 혼합간장, 된장, 고추장, 춘장, 혼합장 및 기타장류 - 조미식품 : 식초(발효식초만 해당), 소스류, 카레(카레만 해당) 및 향신료가공품(향신료조제품만 해당) - 절임류 또는 조림류 : 김치류(김치는 배추김치만 해당), 절임류(절임식품 중 절임배추 제외) 및 조림류 - 농산가공식품류 : 전분류, 밀가루류, 땅콩 또는 견과류가공품류, 시리얼류 및기타 농산가공품류 - 식육가공품 : 햄류, 소시지류, 베이컨류, 건조저장육류, 양념육류(양념육·분쇄가공육제품만 해당), 식육추출가공품 및 식육함유가공품 - 알가공품류(알 내용물 100퍼센트 제품 제외) - 유가공품 : 우유류, 가공유류, 산양유, 발효유류, 치즈류 및 분유류 - 수산가공식품류(수산물 100퍼센트 제품 제외) : 어육가공품류, 젓갈류, 건포류, 조미김 및 기타 수산물가공품 - 즉석식품류 : 즉석섭취·편의식품류(즉석섭취식품·즉석조리식품만 해당) 및 만두류 - 건강기능식품
- 위에 해당하지 않는 식품 및 축산물로 영업자가 스스로 영양표시를 하는 식품 및 축산물

* 제외 식품

- 즉석판매제조·가공업자가 제조·가공하는 식품
- 최종 소비자에게 제공되지 않는 식품, 축산물 및 건강기능식품
- 포장 또는 용기의 주표시면 면적이 30제곱센티미터 이하인 식품 및 축산물

10. 표시기준 (영양표시) (규칙 제6조, 별표 4)

■ 영양표시 대상항목

- 열량
- 나트륨
- 탄수화물
- 당류 (식품, 축산물, 건강기능식품에 존재하는 모든 단당류와 이당류를 말함)
- 지방
- 트랜스지방 (Trans Fat)
- 포화지방 (Saturated Fat)
- 콜레스테롤 (Cholesterol)
- 단백질
- 영양표시나 영양강조표시를 하려는 경우에는 별표 5의 1일 영양성분 기준치에 명시된 영양성분

영양정보 총 내용량 90 g / 30 g당 150 kcal

30 g당	1일 영양성분 기준치에 대한 비율	총 내용량당	
나트륨 75 mg	4%	230 mg	12%
탄수화물 21 g	6%	64 g	20%
당류 8 g	8%	24 g	24%
지방 7 g	13%	20 g	37%
트랜스지방 0.5 g미만		0.5 g미만	
포화지방 2.2 g	15%	7 g	47%
콜레스테롤 0 mg	0%	0 mg	0%
단백질 1 g미만	2%	3 g	5%

1일 영양성분 기준치에 대한 비율(%)은 2,000 kcal 기준이므로 개인의 필요 열량에 따라 다를 수 있습니다.

10. 표시기준

■ 부당한 표시 또는 광고행위의 금지 (법 제8조)

- 질병의 예방·치료에 효능이 있는 것으로 인식할 우려가 있는 표시 또는 광고
- 식품 등을 의약품으로 인식할 우려가 있는 표시 또는 광고
- 건강기능식품이 아닌 것을 건강기능식품으로 인식할 우려가 있는 표시 또는 광고
- 거짓·과장된 표시 또는 광고
- 소비자를 기만하는 표시 또는 광고
- 다른 업체나 다른 업체의 제품을 비방하는 표시 또는 광고
- 객관적인 근거 없이 자기 또는 자기의 식품 등을 다른 영업자나 다른 영업자의 식품 등과 부당하게 비교하는 표시 또는 광고
- 사행심을 조장하거나 음란한 표현을 사용하여 공중도덕이나 사회윤리를 현저하게 침해하는 표시 또는 광고
- 제10조 제1항에 따라 심의를 받지 아니하거나 같은 조 제4항을 위반하여 심의 결과에 따르지 아니한 표시 또는 광고
- 식품 등이 아닌 물품(「생활화학제품 및 살생물제의 안전관리에 관한 법률」 제3조제4호의 안전확인대상생활화학제품 및 「어린이제품 안전 특별법 시행규칙」 별표 2 제11호의 학용품)의 상호, 상표 또는 용기·포장 등과 동일하거나 유사한 것을 사용하여 해당 물품으로 오인·혼동할 수 있는 표시 또는 광고

메모

메모

11. 자가품질검사 (규칙 제31조, 별표 12)

■ **검사자**

- 식품, 식품첨가물, 기구 또는 용기·포장 제조·가공업 영업자, 즉석판매제조·가공업 영업자
- 위탁제조 시, 식품 등을 제조하게 하는 자 또는 직접 그 식품 등을 제조하는 자

■ **식품 등**

- 품목별로 실시
- 식품공전에서 정한 동일한 검사항목을 적용받은 품목 : 식품유형별로 실시 가능

■ **기구 및 용기·포장**

- 동일한 재질의 제품으로 크기나 형태가 다를 경우 : 재질별 실시 가능

■ **검사항목**

- 식약처장이 고시하는 식품유형별 항목
- 특정 식품첨가물을 사용하지 아니한 경우 : 검사 생략 가능

■ **적용시점**

- 제품 제조일을 기준

11. 자가품질검사

■ **검사주기**

● **식품제조·가공업**

1) 과자류, 빵류 또는 떡류(과자, 캔디류, 추잉껌 및 떡류만), 코코아가공품류, 초콜릿류, 잼류, 당류, 음료류[다류(茶類) 및 커피류만], 절임류 또는 조림류, 수산가공식품류(젓갈류, 건포류, 조미김, 기타 수산물가공품만), 두부류 또는 묵류, 주류, 면류, 조미식품(고춧가루, 실고추 및 향신료가공품, 식염만), 즉석식품류(만두류, 즉석섭취식품, 즉석조리식품만), 장류, 농산가공식품류(전분류, 밀가루, 기타농산가공품류 중 곡류가공품, 두류가공품, 서류가공품, 기타 농산가공품만), 식용유지가공품(모조치즈, 식물성크림, 기타 식용유지가공품만), 동물성가공식품류(추출가공식품만), 기타가공품, 선박에서 통·병조림을 제조하는 경우 및 단순가공품(자연산물을 그 원형을 알아볼 수 없도록 분해·절단 등의 방법으로 변형시키거나 1차 가공처리한 식품원료를 식품첨가물을 사용하지 아니하고 단순히 서로 혼합만 하여 가공한 제품이거나 이 제품에 식품제조·가공업의 허가를 받아 제조·포장된 조미식품을 포장된 상태 그대로 첨부한 것)만을 가공하는 경우 : 3개월마다 1회 이상 식약처장이 정하여 고시하는 식품유형별 검사항목
2) 식품제조·가공업자가 자신의 제품을 만들기 위해 수입한 반가공 원료식품 및 용기·포장
   - 반가공 원료식품 : 6개월마다 1회 이상 식약처장이 고시하는 식품유형별 검사항목
   - 용기·포장 : 동일재질별로 6개월마다 1회 이상 재질별 성분에 관한 규격

11. 자가품질검사

■ **검사주기**

● **식품제조·가공업**

3) 빵류, 식육함유가공품, 알함유가공품, 동물성가공식품류(기타식육 또는 기타알제품), 음료류(과일·채소류음료, 탄산음료류, 두유류, 발효음료류, 인삼·홍삼음료, 기타음료만, 비가열음료 제외), 식용유지류(들기름, 추출들깨유만) : 2개월마다 1회 이상 식약처장이 정하여 고시하는 식품유형별 검사항목
4) 1)~3)의 규정 외의 식품 : 1개월마다 1회 이상 식약처장이 정하여 고시하는 식품유형별 검사항목
5) 법 제48조 제8항에 따른 전년도의 조사·평가 결과가 만점의 90퍼센트 이상인 식품 : 1), 3), 4)에도 불구하고 6개월마다 1회 이상 식약처장이 정하여 고시하는 식품유형별 검사항목
6) 식약처장이 식중독 발생위험이 높다고 인정하여 지정·고시한 기간에는 1) 및 2)에 해당하는 식품은 1개월마다 1회 이상, 3)에 해당하는 식품은 15일마다 1회 이상, 4)에 해당하는 식품은 1주일마다 1회 이상 실시
7) 「주류 면허 등에 관한 법률」 제29조에 따른 검사 결과 적합 판정을 받은 주류는 자가품질검사를 실시하지 않을 수 있음. 이 경우 해당 검사는 제4호에 따른 주류의 자가품질검사 항목에 대한 검사를 포함하여야 함.

11. 자가품질검사

■ 검사주기

● 즉석판매제조·가공업

1) 과자(크림을 위에 바르거나 안에 채워 넣은 후 가열살균하지 않고 그대로 섭취하는 것만), 빵류(크림을 위에 바르거나 안에 채워 넣은 후 가열살균하지 않고 그대로 섭취하는 것만), 당류(설탕류, 포도당, 과당류, 올리고당류만), 식육함유가공품, 어육가공품류(연육, 어묵, 어육소시지, 기타 어육가공품만), 두부류 또는 묵류, 식용유지류(압착식용유만), 특수용도식품, 소스, 음료류(커피, 과일·채소류음료, 탄산음료류, 두유류, 발효음료류, 인삼·홍삼음료, 기타음료만), 동물성가공식품류(추출가공식품만), 빙과류, 즉석섭취식품(도시락, 김밥류, 햄버거류 및 샌드위치류만), 즉석조리식품(순대류만),「축산물위생관리법」 제2조 제2호에 따른 유가공품, 식육가공품 및 알가공품 : 9개월 마다 1회 이상 식약처장이 정하여 고시하는 식품 및 축산물가공품 유형별 검사항목
2) 별표 15 제2호에 따른 영업을 하는 경우 : 자가품질검사를 실시하지 않을 수 있음.
   * 대상식품 : 영 제21조 제1호에 따른 식품제조·가공업 영업자 및 「축산물위생관리법 시행령」 제21조 제3호에 따른 축산물가공업의 영업자가 제조·가공한 식품 또는 수입식품안전관리특별법 제15조 제1항에 따라 등록한 수입식품 등 수입·판매업 영업자가 수입·판매한 식품으로 즉석판매제조·가공업소 내에서 소비자가 원하는 만큼 덜어서 직접 최종 소비자에게 판매하는 식품 (제외 : 통·병조림제품, 레토르트식품, 냉동식품, 어육제품, 특수용도식품(체중조절용 조제식품 제외), 식초, 전분, 알가공품, 유가공품)

11. 자가품질검사

■ 검사주기

● 식품첨가물제조업

- 기구 등 살균소독제 : 6개월마다 1회 이상 살균소독력
- 상기 외의 식품첨가물 : 6개월마다 1회 이상 식품첨가물별 성분에 관한 규격

● 기구 또는 용기·포장 제조업

- 동일재질별로 6개월마다 1회 이상 재질별 성분에 관한 규격

■ 검사기록

- 2년 보관

■ 검사 면제 (규칙 제31조의2)

- 식품안전관리인증기준적용업소 : 조사·평가 결과, 만점의 90퍼센트 이상인 경우

12. 기타 법규정

■ 생산실적 보고 (법 제42조, 규칙 제56조)

- 식품 및 식품첨가물 제조·가공영업자
- 다음 해 2월 말일까지

■ 위해식품 등 회수 (법 제45조)

■ 식품 등의 이물 발견보고 (법 제46조, 규칙 제60조)

● 보고대상자

- **영업자**
  . 식품제조·가공업자, 식품첨가물제조업자, 식품소분업자, 유통전문판매업자, 수입식품 등 수입·판매업자, 축산물가공업자, 식육포장처리업자, 축산물유통전문판매업자
  . 식약처장, 시·도지사, 시장·군수·구청장에게 보고
- **소비자로부터 이물 발견 신고를 접수받은 다음 각 호의 어느 하나에 해당하는 자** : 식품의약품안전처장에게 통보
  . 한국소비자원 및 소비자 단체
  . 「전자상거래 등에서의 소비자 보호에 관한 법률」에 따른 통신판매중개업자로서 식품접객업소에서 조리한 식품의 통신판매를 전문적으로 알선하는 자
  . 시·도지사 또는 시장·군수·구청장

✎메모

메모

12. 기타 법규정

■ **식품 등의 이물 발견보고 (보고 대상 이물의 범위와 조사·절차 등에 관한 규정)**

● **보고대상 이물 범위**

- 섭취과정에서 인체에 직접적인 위해나 손상을 줄 수 있는 재질이나 크기의 이물 : 3mm 이상 크기의 유리·플라스틱·사기 또는 금속성 재질의 물질
- 섭취과정에서 혐오감을 줄 수 있는 이물
  . 쥐 등 동물의 사체 또는 그 배설물
  . 파리, 바퀴벌레 등 곤충류(발견 당시 살아있는 곤충은 제외)
  . 기생충 및 그 알(수산물을 주원료로 제조한 식품에서 발견되는 원생물에 기생하는 기생충으로서 제조·가공과정에서 사멸되어 인체의 건강을 해칠 우려가 없는 것은 제외)
- 그 밖에 인체의 건강을 해칠 우려가 있거나 섭취하기에 부적합한 이물
  . 컨베이어벨트 등 고무류
  . 이쑤시개(전분재질은 제외) 등 나무류
  . 돌, 모래 등 토사류
  . 그 밖에 위 각 목에 준하는 것으로서 식약처장이 인정하는 이물

12. 기타 법규정

■ **식품 등의 이물 발견보고 (보고 대상 이물의 범위와 조사·절차 등에 관한 규정)**

● **이물 발견 사실 보고방법**

- 소비자로부터 이물 발견 사실을 신고(전화, 전자문서 등 포함)받은 날부터 7일 이내(토요일 및 법정 공휴일은 제외)에 조사기관에 보고
- 미보고 가능 경우
  . 소비자가 이물 또는 증거제품(포장지 포함)을 제공하지 않는 경우
  . 소비기한이 지난 제품을 신고한 경우
  . 이물 발견 후 10일 이상 지난 제품을 신고한 경우(개봉된 제품에 한함)
  . 발견 당시 살아 있는 곤충의 경우

● **기록 및 증거품 보관**

- 기록 : 2년
- 증거품 : 6개월

● **미보고 시 행정처분**

- 시정명령
- 영업정지 7일
- 영업정지 15일

13. 행정제재 및 벌칙 (제93조 등)

■ **행정처분 종류**

- 영업소 폐쇄
- 영업허가(신고, 등록) 취소
- 영업정지(7일, 15일, 1월, 2월, 3월)
- 당해 음식물 폐기, 당해 제품 폐기, 당해 원료 폐기
- 품목류 제조정지
- 품목 제조정지
- 시설개수명령
- 시정명령
- 과징금

13. 행정제재 및 벌칙 (제93조 등)

■ 1년 이상 징역 및 벌금 병과

- 3년 이상 : 소해면상뇌증(광우병), 탄저병, 가금 인플루엔자
- 1년 이상 : 마황, 부자, 천오, 초오, 백부자, 섬수, 백선피, 사리풀
- 판매금액의 2배 이상 5배 이하의 벌금 병과

■ 10년 이하 징역 또는 1억원 이하 벌금

- 제4조 (위해식품 등의 판매 등 금지)
- 제5조 (병든 동물 고기 등의 판매 등 금지)
- 제6조 (고시되지 아니한 화학적 합성품 등의 판매 등 금지)
- 제8조 (유독기구 등의 판매·사용금지)
- 제37조 제1항 (영업허가, 변경허가) 위반

■ · · · · ·

■ 과태료

- 1,000만원 이하 부과

14. 주요 고시

■ 기준 및 규격

- 식품 등의 기준 및 규격 (법 제7조)
- 식품첨가물의 기준 및 규격 (법 제7조)
- 기구 및 용기·포장의 기준 및 규격 (법 제9조)

■ 식품 등의 표시기준

■ 식품 및 축산물 안전관리인증기준 (법 제48조)

* 식품 등 회수 및 공표에 관한 규칙, 유전자재조합식품 등의 표시기준, 광고사전심의 운영지침, 위생분야종사자의 건강진단규칙, 농산물 원산지 표시요령, 이물 보고지침 등
* 먹는물 수질기준 (환경부)
* CODEX

15. 법적 기본관리사항

구 분	세부 관리사항
영업(영업신고 · 등록 및 변경신고 · 등록 이행 유무)	영업자의 성명
	영업소의 명칭 또는 상호
	추가 제조 식품군 변경신고
품목제조보고	품목제조보고 이행
생산·작업기록	생산 및 작업기록 서류 작성 및 3년간 보관
원료수불 및 제품거래기록	원료수불 및 제품거래 관계서류 작성 및 3년간 보관
자가품질검사	자가품질검사 실시 및 2년간 성적서 비치 (법적 검사항목 및 검사횟수 준수 여부)
건강진단	종사자 건강진단 실시 및 관련서류 보관 (연1회 이상)
위생교육	영업자 위생교육 이수
음용수 수질검사	수돗물 또는 먹는물 수질기준에 적합한 관련 지하수 사용 및 관련서류 보관(음용수의 경우 연2회 이상, 기타용수의 경우 연1회 이상 정기수질검사)
생산실적 보고	생산실적보고 이행
식품위생감시원 출입·검사 등 기록부	출입·검사 등 기록부 작성 및 2년간 보관

메모

메모

참고 : 위생등급제

1. 위생등급제 개요

■ **개 요**

- 본 제도는 식품접객업소의 위생수준이 우수한 업소에 한하여 등급을 지정하는 제도로서
  식품접객영업자가 자율로 위생등급평가를 신청하고
  평가점수에 따라 등급을 지정받아 홍보하여
  해당 음식점의 위생수준 향상을 도모하고
  소비자에게 음식점 선택권을 제공하는 제도

■ **법적 근거**

- 식품위생법 제47조의 2(식품접객업소의 위생등급 지정 등)
- 식품의약품안전처 공고 제2017-33호(2017.5.1, 제정)
  . 음식점 위생등급 지정 및 운영관리 규정

■ **신청 대상자**

- 식품접객영업자 중 일반음식점 영업자

■ **희망등급제**

- 자율 신청
- 신청 수수료 : 전액 국가 부담

2. 위생등급제 등급

■ **지정 등급 및 표지판**

Ⅳ

빵 · 과자 관련 기준 및 규격

메모

Ⅳ. 빵 · 과자 관련 기준 및 규격
(Standard & Specification)

Ⅳ-1. 식품의 기준 및 규격
(식품공전, Food Code)

식품공전 목차

식품공전 목차

제 5. 식품별 기준 및 규격

1. 과자류, 빵류 또는 떡류
2. 빙과류(2-1 아이스크림류, 2-3 빙과, 2-4 얼음류)
3. 코코아가공품류 또는 초콜릿류
4. 당 류
5. 잼 류
6. 두부류 또는 묵류
7. 식용유지류
8. 면 류
9. 음료류(9-1 다류, 9-2 커피, 9-3 과일채소류음료)
10. 특수영양식품
11. 특수의료용도식품
12. 장 류
13. 조미식품(13-6 식염)
14. 절임류 및 조림류
15. 주 류
16. 농산가공식품류(16-2 밀가루류)
17. 식육가공품 및 포장육
18. 알가공품류
19. 유가공품류(19-1 우유류, 19-8 버터류, 19-9 치즈류)
20. 수산가공식품류
21. 동물성가공식품류
22. 벌꿀 및 화분가공품류
23. 즉석식품류(23-2 즉석섭취·편의식품류, 23-3 만두류)
24. 기타식품류

식품공전 목차

제 6. 식품접객업소(집단급식소 포함)의 조리식품 등에 대한 기준 및 규격

1. 정 의
3. 원료기준
4. 조리 및 관리기준
5. 규 격

제 7. 검체의 채취 및 취급방법

* 일반시험법
* 시약·시액·표준용액 및 용량분석용 규정용액
* 부 표
* 별 표

1. 총 칙

1. 일반원칙

2) 가공식품에 대하여 식품군(대분류), 식품종(중분류), 식품유형(소분류)으로 분류
- **식품군** : '제 5. 식품별 기준 및 규격' 에서 대분류하고 있는 음료류, 조미식품 등
- **식품종** : 식품군에서 분류하고 있는 다류, 과일·채소류음료, 식초, 햄류 등
- **식품유형** : 식품종에서 분류하고 있는 농축과·채즙, 과·채주스, 발효식초, 합성식초 등

5) 이 고시에서 기준 및 규격이 정하여지지 아니한 것은 잠정적으로 식품의약품안전처장이 해당 물질에 대한 국제식품규격위원회(Codex Alimentarius Commission, CAC) 규정 또는 주요 외국의 기준·규격과 일일섭취허용량(Acceptable Daily Intake, ADI), 해당 식품의 섭취량 등 해당 물질별 관련 자료를 종합적으로 검토하여 적·부 판정 가능

8) 표준온도는 20℃, **상온**은 15~25℃, **실온**은 1~35℃, **미온**은 30~40℃

13) (2) 따로 규정이 없는 한 **찬물**은 15℃ 이하, 온탕은 60~70℃, 열탕은 약 100℃의 물

13) (7) 강산성은 pH 3.0 미만, 약산성은 pH 3.0 이상 5.0 미만, 미산성은 pH 5.0 이상 6.5 미만, 중성은 pH 6.5 이상 7.5 미만, 미알칼리성은 pH 7.5 이상 9.0 미만, 약알칼리성은 pH 9.0 이상 11.0 미만, 강알칼리성은 pH 11.0 이상

메모

메모

1. 총 칙

3. 용어의 풀이

3) **A 또는 B** : A와 B, A나 B, A 단독 또는 B 단독으로 해석 가능
4) **A 및 B** : A와 B를 동시에 만족
20) **소비기한** : 식품에 표시된 보관방법을 준수할 경우 섭취하여도 안전에 이상이 없는 기한
33) **이물** : 정상식품의 성분이 아닌 물질을 말하며, 동물성으로 절족동물 및 그 알, 유충과 배설물, 설치류 및 곤충의 흔적물, 동물의 털, 배설물, 기생충 및 그 알 등이 있고, 식물성으로 종류가 다른 식물 및 그 종자, 곰팡이, 짚, 겨 등이 있고, 광물성으로 흙, 모래, 유리, 금속, 도자기파편 등
35) '냉장' 또는 '냉동' : 이 고시에서 따로 정하여진 것을 제외하고는 **냉장**은 0~10℃, **냉동**은 -18℃ 이하
36) **차고 어두운 곳(냉암소)** : 따로 규정이 없는 한 0~15℃의 빛이 차단된 장소
37) **냉장·냉동온도측정값** : 냉장·냉동고 또는 냉장·냉동설비 등의 내부온도를 측정한 값 중 가장 높은 값
38) **살균** : 따로 규정이 없는 한 세균, 효모, 곰팡이 등 미생물의 영양세포를 불활성화시켜 감소시키는 것
39) **멸균** : 따로 규정이 없는 한 미생물의 영양세포 및 포자를 사멸시키는 것

1. 총 칙

3. 용어의 풀이

43) **가공식품** : 식품원료(농, 임, 축, 수산물 등)에 식품 또는 식품첨가물을 가하거나, 그 원형을 알아볼 수 없을 정도로 변형(분쇄, 절단 등) 시키거나 이와 같이 변형시킨 것을 서로 혼합 또는 이 혼합물에 식품 또는 식품첨가물을 사용하여 제조·가공·포장한 식품. 다만, 식품첨가물이나 다른 원료를 사용하지 아니하고 원형을 알아볼 수 있는 정도로 농·임·축·수산물을 단순히 자르거나 껍질을 벗기거나 소금에 절이거나 숙성하거나 가열(살균 목적 또는 성분의 현격한 변화를 유발하는 경우 제외) 등의 처리과정 중 위생상 위해 발생의 우려가 없고 식품의 상태를 관능으로 확인할 수 있도록 단순처리한 것은 제외
63) **미생물 규격**에서 사용하는 용어(n, c, m, M)는 다음과 같다.
(1) **n** : 검사하기 위한 검체의 수
(2) **c** : 최대허용검체수, 허용기준치(m)를 초과하고 최대허용한계치(M) 이하인 검체의 수로서 결과가 m을 초과하고 M 이하인 검체의 수가 c 이하일 경우는 적합으로 판정
(3) **m** : 미생물 허용기준치로서 결과가 모두 m 이하인 경우 적합으로 판정
(4) **M** : 미생물 최대허용한계치로서 결과가 하나라도 M을 초과하는 경우는 부적합으로 판정
※ m, M에 특별한 언급이 없는 한 1 g 또는 1 ml 당의 집락수(Colony Forming Unit, CFU)

1. 총 칙

4. 식품원료 분류

1) 식물성 원료
- 곡류, 서류, 두류, 견과종실류(땅콩 또는 견과류, 유지종실류, 음료 및 감미종실류), 과실류(인과류, 감귤류, 핵과류, 장과류, 열대과일류), 채소류(결구엽채류, 엽채류, 엽경채류, 근채류, 박과 과채류, 박과 이외 과채류), 버섯류, 향신식물, 차, 호프, 조류, 기타식물류

2) 동물성 원료
- 축산물(식육류, 우유류, 알류), 수산물(어류(민물어류, 회유어류, 해양어류), 어란류, 무척추동물(갑각류, 연체류, 극피류, 피낭류)), 기타동물(파충류 및 양서류, 식용달팽이, 곤충류)

2. 식품일반에 대한 공통기준 및 규격

2. 제조·가공기준

1) 식품 제조·가공에 사용되는 **기계·기구류와 부대시설물** : 항상 위생적으로 유지·관리
2) **식품용수** : 「먹는물관리법」의 먹는물 수질기준에 적합한 것이거나, 「해양심층수의 개발 및 관리에 관한 법률」의 기준·규격에 적합한 원수, 농축수, 미네랄탈염수, 미네랄농축수
3) **식품용수** : 먹는물관리법에서 규정하고 있는 수처리제를 사용하거나, 각 제품의 용도에 맞게 응집침전, 여과[활성탄, 모래, 세라믹, 맥반석, 규조토, 마이크로필터, 한외여과(Ultra Filter), 역삼투막, 이온교환수지], 오존살균, 자외선살균, 전기분해, 염소소독 등의 방법으로 수처리하여 사용 가능
6) 식품 제조·가공·조리 중에 **이물**의 혼입이나 **병원성 미생물** 등이 오염되지 않도록 해야 함.
8) **냉동된 원료 해동** : 별도의 청결한 해동공간에서 위생적으로 실시
9) 식품의 제조, 가공, 조리, 보존 및 유통 중에는 **동물용의약품** 사용 불가
10) **가공식품** : 미생물 등에 오염되지 않도록 위생적으로 포장
11) 캡슐 또는 정제 형태로 제조 불가, 다만, **과자**, 캔디류, 추잉껌, 초콜릿류, 식염, 장류, 조미식품, 당류가공품, 음료류, 과·채가공품은 정제형태로, 식용유지류는 캡슐형태로 제조 가능하나 이 경우 의약품 또는 건강기능식품으로 오인·혼동할 우려가 없어야 함.

2. 식품일반에 대한 공통기준 및 규격

2. 제조·가공기준

14) **유가공품 살균** 또는 **멸균** : 따로 정하여진 경우를 제외하고 저온장시간살균법(63~65℃에서 30분간), 고온단시간살균법(72~75℃에서 15초 내지 20초간), 초고온순간처리법(130~150℃에서 0.5초 내지 5초간) 또는 이와 동등 이상의 효력 방법으로 실시
15) **살균제품** : 중심부 온도를 63℃ 이상에서 30분간 가열살균, **멸균제품** : 중심부 온도를 120℃ 이상에서 4분 이상 멸균처리
16) 멸균하여야 하는 제품 중 **pH 4.6 이하인 산성식품** : 살균하여 제조 가능. 이 경우 해당 제품은 멸균제품에 규정된 규격에 적합
18) 식육가공품 또는 포장육 **작업장의 실내온도** : 15℃ 이하로 유지관리(가열처리작업장 제외)
23) 식품포장 내부의 습기, 냄새, 산소 등을 제거하여 제품의 신선도를 유지시킬 목적으로 사용되는 물질 : 기구 및 용기·포장의 기준·규격에 적합한 재질로 포장, 식품에 이행되지 않도록 포장
24) 식품의 **용기·포장** : 용기·포장류 제조업 신고를 필한 업소에서 제조한 것
다만, 그 자신의 제품을 포장하기 위하여 용기·포장류를 직접 제조하는 경우는 제외
22) **기구 및 용기·포장류** : 「식품위생법」 제9조의 규정에 의한 기구 및 용기·포장의 기준 및 규격에 적합한 것

2. 식품일반에 대한 공통기준 및 규격

2. 제조·가공기준

25) 식품 제조·가공에 원료로 사용하는 **톳**과 **모자반**의 경우, 생물은 끓는 물에 충분히 삶고, 건조된 것은 물에 불린 후 충분히 삶는 등 무기비소 저감 공정을 거친 후 사용
30) **달걀을 물로 세척**하는 경우 다음의 요건을 모두 충족하는 방법으로 세척
(1) 30℃ 이상이면서 달걀의 품온보다 5℃ 이상의 물 사용
(2) 100~200 ppm 차아염소산나트륨을 함유한 물 사용. 이때 차아염소산나트륨을 사용하지 않는 경우 150 ppm 차아염소산나트륨과 동등 이상의 살균효력이 있는 방법 사용 가능

메모

메모

2. 식품일반에 대한 공통기준 및 규격

3. 식품일반의 기준 및 규격

1) 성 상

제품은 고유의 형태, 색택을 가지고 이미·이취가 없어야 한다.

2) 이 물

(1) **식품**은 다음의 이물을 함유하여서는 아니된다.

① 원료의 처리과정에서 그 이상 제거되지 아니하는 정도 이상의 이물

② 오염된 비위생적인 이물

③ 인체에 위해를 끼치는 단단하거나 날카로운 이물

다만, 다른 식물이나 원료식물의 표피 또는 토사, 원료육의 털, 뼈 등과 같이 실제에 있어 정상적인 제조·가공상 완전히 제거되지 아니하고 잔존하는 경우의 이물로서 그 양이 적고 위해 가능성이 낮은 경우는 제외

(2) **금속성 이물**로서 쇳가루는 제8. 1.2.1 마. 금속성 이물(쇳가루)에 따라 시험하였을 때 식품 중 10.0 mg/kg 이상 검출되서는 아니되며, 또한 금속이물은 2 mm 이상인 금속성 이물이 검출되어서는 아니됨.

3) 식품첨가물

(1) 어떤 식품에 **사용할 수 없는 식품첨가물**이 그 식품첨가물을 사용할 수 있는 원료로부터 유래된 것이라면 원료로부터 이행된 범위 안에서 식품첨가물 사용기준의 제한을 받지 아니할 수 있음.

2. 식품일반에 대한 공통기준 및 규격

3. 식품일반의 기준 및 규격

4) 위생지표균 및 식중독균

(1) 위생지표균

가. 식품일반

항목 / 규격	제품 특성		n	c	m	M
세균수	멸균제품		5	0	0	-
대장균군	살균제품	분말제품 제외	5	1	0	10
		분말제품	5	2	0	10

(2) 식중독균

가) 살모넬라, 장염비브리오, 리스테리아 모노사이토제네스, 장출혈성 대장균, 캠필로박터 제주니/콜리, 여시니아 엔테로콜리티카

대상 식품	규 격
식육(제조가공용원료는 제외), 살균 또는 멸균처리하였거나 더 이상의 가공, 가열조리를 하지 않고 그대로 섭취하는 가공식품	n=5, c=0, m=0/25g

나) 바실루스 세레우스

대상 식품	규 격
① 가)의 대상식품 중 장류(메주 제외) 및 소스, 복합조미식품, 김치류, 젓갈류, 절임류, 조림류	g 당 10,000 이하
② 위 ①을 제외한 가)의 대상식품	g 당 1,000 이하

2. 식품일반에 대한 공통기준 및 규격

3. 식품일반의 기준 및 규격

4) 위생지표균 및 식중독균

(2) 식중독균

다) 클로스트리디움 퍼프린젠스

대상 식품	규 격
① 가)의 대상식품 중 햄류, 소시지류, 식육추출 가공품, 알가공품	n=5, c=1, m=10, M=100 (멸균제품은 n=5, c=0, m=0/25g
③ 가)의 대상식품 중 장류(메주 제외), 젓갈류, 고춧가루 또는 실고추, 향신료가공품, 김치류, 절임류, 조림류, 복합조미식품, 식초, 카레분 및 카레(액상 제품 제외)	n=5, c=2, m=100, M=1,000 (멸균제품은 n=5, c=0, m=0/25g)
④ 위 ①, ②, ③을 제외한 가)의 대상식품	n=5, c=0, m=0/25g

라) 황색포도상구균

대상 식품	규 격
① 가)의 대상식품 중 햄류, 소시지류, 식육추출 가공품, 건포류	n=5, c=1, m=10, M=100 (멸균제품은 n=5, c=0, m=0/25g)
③ 위 ①, ②를 제외한 가)의 대상식품	n=5, c=0, m=0/25g

* 식품접객업소, 집단급식소, 식품제조·가공업소 등에서 식재료 및 식기 등의 세척, 식품의 조리 및 제조·가공, 먹는 물 등으로 사용하는 **물** : 노로바이러스 불검출(다만, 먹는물로 제공되는 수돗물은 먹는물관리법에서 규정하고 있는 먹는물 수질기준에 의함)

2. 식품일반에 대한 공통기준 및 규격

3. 식품일반의 기준 및 규격

4) 위생지표균 및 식중독균

(1) 위생지표균

나. **식품자동판매기에서 판매하는 식품**(최종제품을 그대로 판매하는 가공식품 제외)에 대한 미생물 기준

가) 세균수 : n=5, c=2, m=1,000, M=10,000(음료류에 한함, 다만, 유가공품, 유산균, 발효제품 및 가열하지 아니한 과일·채소류음료가 함유된 경우 제외)

나) 대장균 : n=5, c=2, m=0, M=10

(2) 식중독균

바. **식품자동판매기에서 판매하는 식품**(식품자동판매기에 넣어 최종제품 그대로 판매하는 가공식품과 음료류는 제외)은 살모넬라, 황색포도상구균, 리스테리아 모노사이토제네스, 장출혈성 대장균, 캠필로박터 제주니/콜리, 여시니아 엔테로콜리티카, 비브리오 패혈증균, 비브리오 콜레라 등 식중독균이 음성, 장염비브리오, 클로스트리디움 퍼프린젠스 g당 100 이하, 바실루스 세레우스 g당 10,000 이하. 다만, 혼합·처리과정 중 가열처리를 하지 않거나 가열 후 혼합·처리한 식품의 경우 황색포도상구균은 g당 100 이하

2. 식품일반에 대한 공통기준 및 규격

3. 식품일반의 기준 및 규격

5) 오염물질

(2) **중금속** : 농산물(납, 카드뮴, 무기비소), 축산물(납, 카드뮴), 수산물(어류(납, 카드뮴, 수은, 메틸수은), 연체류(납, 카드뮴, 수은), 갑각류(납, 카드뮴), 해조류(납, 카드뮴)), 가공식품(식용유지(납, 비소, 무기비소))

(3) **곰팡이독소** : 총아플라톡신, 아플라톡신 M_1, 파툴린, 푸모니신, 오크라톡신 A, 데옥시니발레놀, 제랄레논

(4) **다이옥신**(소, 돼지, 닭고기) (5) **폴리염화비페닐(PCBs)**(어류) (6) **Benzo(a)pyrene**

(7) 3-MCPD (8) Melamine (9) 패독소 (10) **방사능** 기준 : ^{131}I, $^{134}Cs + ^{137}Cs$

6) 식품조사처리 기준

- ^{60}Co의 감마선

7) 농약 잔류허용기준

8) 동물용의약품 잔류허용기준

9) 부정물질

13) 식육의 휘발성염기질소

14) 원유 규격

15) 수산물의 히스타민

2. 식품일반에 대한 공통기준 및 규격

4. 보존 및 유통기준

1) 일반기준

(1) 모든 **식품**(식품제조에 사용되는 원료 포함) : 위생적으로 취급하여 보존 및 유통, 그 보존 및 유통 **장소** : 불결한 곳에 위치 금지

(2) **식품**을 보존 및 유통하는 **장소** : 방서 및 방충관리 철저히

(3) **식품** : 직사광선이나 비·눈 등으로부터 보호될 수 있고, 외부오염을 방지할 수 있는 취급장소에서 유해물질, 협잡물, 이물(곰팡이 등 포함) 등이 오염되지 않도록 적절한 관리

(4) **식품** : 인체에 유해한 화공약품, 농약, 독극물 등과 같은 것을 함께 보존 및 유통 금지

(5) **식품** : 제품의 풍미에 영향을 줄 수 있는 다른 식품 및 식품첨가물 및 식품을 오염시키거나 품질에 영향을 미칠 수 있는 물품 등과는 분리하여 보존 및 유통

2) 보존 및 유통온도

(1) **식품** : 정해진 보존 및 유통온도 준수, **따로 보존 및 유통방법을 정하지 않은 제품** : 직사광선을 피한 실온에서 보존 및 유통

(2) **상온에서 7일 이상 보존성 없는 식품** : 가능한 한 냉장 또는 냉동시설에서 보존 및 유통

(3) 이 고시에서 별도로 보존 및 유통온도를 정하고 있지 않은 경우, **실온제품**은 1~35℃, **상온제품**은 15~25℃, **냉장제품**은 0~10℃, **냉동제품**은 -18℃ 이하, **온장제품**은 60℃ 이상에서 보존 및 유통. 다만 아래의 경우 그러하지 않을 수 있음.

① **냉동제품**을 소비자(영업을 목적으로 해당 제품을 사용하기 위한 경우 제외)에게 운반하는 경우 -18℃를 초과할 수 있으나, 이 경우라도 냉동제품은 어느 일부라도 녹아 있는 부분이 없어야 함.

메모

메모

2. 식품일반에 대한 공통기준 및 규격

4. 보존 및 유통기준

2) 보존 및 유통온도

(4) 아래에서 보존 및 유통 온도를 규정하고 있는 제품 : 규정된 온도에서 보존 및 유통

	식품 종류	보존 및 유통 온도
①	㉯ **우유류**·가공유류·산양유·버터유·농축유류·유청류의 살균제품 ㉱ **물로 세척한 달걀**	냉 장
②	㉲ 알가공품(액란제품 제외) ㉳ 발효유류 ㉴ 치즈류 ㉵ 버터류 ㉶ 신선편의식품(샐러드제품 제외)	냉장 또는 냉동
③	㉮ **식육**(분쇄육, 가금육 제외) ㉯ **포장육**(분쇄육 또는 가금육의 포장육 제외) ㉰ 식육가공품(분쇄가공육제품 제외)	냉장(-2~10℃) 또는 냉동
④	㉮ 식육(분쇄육, 가금육) ㉯ **포장육**(분쇄육 또는 가금육의 포장육) ㉰ 분쇄가공육제품	냉장(-2~5℃) 또는 냉동
⑤	㉮ 신선편의식품(**샐러드** 제품) ㉯ 훈제연어 ㉰ 알가공품(액란제품)	냉장(0~5℃) 또는 냉동
⑥	㉯ **얼음류**	-10℃ 이하

(6) **식용란** : 가능한 0~15℃에서 보존·유통, **냉장된 달걀** : 지속적으로 냉장으로 보존·유통

2. 식품일반에 대한 공통기준 및 규격

4. 보존 및 유통기준

3) 보존 및 유통방법

(1) **냉장제품, 냉동제품** 또는 **온장제품**을 보존 및 유통할 때에는 일정한 온도 관리를 위하여 냉장 또는 냉동차량 등 규정된 온도로 유지가 가능한 설비를 이용하거나 또는 이와 동등 이상의 효력이 있는 방법으로 하여야 함.

(2) **흡습의 우려가 있는 제품** : 흡습되지 않도록 주의

(3) **냉장제품** : 실온에서 보존 및 유통 금지
실온제품 또는 **냉장제품** : 냉동에서 보존 및 유통 금지
다만, 아래에 해당되는 경우 실온제품 또는 냉장제품의 소비기한 이내에서 냉동으로 보존 및 유통 가능

② 수분 흡습이 방지되도록 **포장된 수분 15% 이하의 제품**으로서 당해 제품의 제조·가공업자가 제품에 냉동할 수 있도록 표시한 경우

③ 1회에 사용하는 용량으로 포장된 소스류, 장류, 식용유지류, 향신료가공품이 냉동식품을 보조하기 위해 냉동식품과 함께 포장되는 경우

④ 살균 또는 멸균 처리된 음료류와 발효유류 중 해당 제품의 제조·가공업자가 제품에 냉동하여 판매가 가능하도록 표시한 제품(다만, 유리병 용기 제품과 탄산음료류 제외)

⑥ **③~⑤에 따라 냉동된 실온제품** 또는 **냉장제품** : 해동하여 보존 및 유통 금지(다만, 상기 ②의 요건에 해당하는 제품 제외)

2. 식품일반에 대한 공통기준 및 규격

4. 보존 및 유통기준

3) 보존 및 유통방법

(5) **냉동제품** : 해동시켜 실온제품 또는 냉장제품으로 보존 및 유통 금지. 다만, 아래에 해당하는 경우로서 제품에 냉동포장완료일자, 해동일자, 해동일로부터 유통조건에서의 소비기한(냉동제품으로서의 소비기한 이내)을 별도로 표시한 경우 그러하지 아니할 수 있음.

① 식품제조·가공업 영업자가 냉동 가공식품(축산물가공품 제외)을 해동하여 보존 및 유통하는 경우

② 식육가공업 영업자가 냉동 식육가공품을, 유가공업 영업자가 냉동 유가공품을, 알가공업 영업자가 냉동 알가공품을 해동하여 보존 및 유통하는 경우

(8) **해동된 냉동제품** : 재냉동 금지. 다만, 아래의 작업을 하는 경우에는 그러하지 아니할 수 있으나, 작업 후 즉시 냉동

③ 냉동식품을 분할하기 위해 해동하는 경우

(11) 제품의 운반 및 포장과정에서 용기·포장이 파손되지 않도록 주의, 가능한 한 심한 충격을 주지 않도록 하여야 함. 또한 관제품은 외부에 녹이 발생하지 않도록 보존 및 유통

2. 식품일반에 대한 공통기준 및 규격

4. 보존 및 유통기준

4) 소비기간 설정

(1) 제품의 소비기간을 설정할 수 있는 **영업자**의 범위
① 식품제조·가공업 영업자 ② 즉석판매제조·가공업 영업자
⑧ 수입업자(수입 냉장식품 중 보존 및 유통온도가 국내와 상이하여 국내의 보존 및 유통 온도조건에서 유통하기 위한 경우 또는 수입식품 중 제조자가 정한 유통기한 내에서 별도로 유통기한을 설정하는 경우에 한함)

(2) **소비기한** : 해당제품의 포장재질, 보존조건, 제조방법, 원료배합비율 등 제품의 특성과 냉장 또는 냉동보존 등 유통실정을 고려하여 위해방지와 품질을 보장할 수 있도록 설정

(3) **"소비기한"의 산출** : 포장완료(다만, 포장 후 제조공정을 거치는 제품은 최종공정 종료) 시점으로 하고 캡슐제품은 충전·성형완료시점으로 함. 다만, **달걀**은 '산란일자'를 소비기간 산출시점으로 함.

(4) **해동하여 출고하는 냉동제품** : 해동시점을 소비기간 산출시점으로 봄.

(5) **선물세트**와 같이 소비기한이 상이한 제품이 혼합된 경우와 단순절단, 식품 등을 이용한 단순결착 등 원료제품의 저장성이 변하지 않는 단순가공처리만을 하는 제품 : 소비기한이 먼저 도래하는 원료제품의 소비기한을 최종제품의 소비기한으로 설정함.

(6) **소분판매하는 제품** : 소분하는 원료제품의 소비기한을 따름.

3. 영·유아용, 고령자용 또는 대체식품으로 표시·판매 식품의 기준 및 규격

1. 영·유아용으로 표시하여 판매하는 식품

3) 제조·가공기준

(1) 미생물로 인한 위해가 발생하지 않도록 살균 또는 멸균공정을 거쳐야 함.
(5) 타르색소와 사카린나트륨은 사용하여서는 아니됨.

4) 규 격

(1) 위생지표균 및 식중독균

항 목	제품 특성	n	c	m	M
세균수	① 멸균제품	5	0	0	-
	위 ①, ② 이외의 식품 (분말제품 또는 유산균첨가제품, 치즈류 제외)	5	1	10	100
대장균군 (멸균제품 제외)		5	0	0	-
바실루스 세레우스 (멸균제품 제외)		5	0	100	-
크로노박터 (영아용제품에 한하며, 멸균제품 제외)		5	0	0/60g	-

(2) 나트륨 : 200 이하(mg/100g) (다만, 치즈류는 300 이하)

3. 영·유아용, 고령자용 또는 대체식품으로 표시·판매 식품의 기준 및 규격

2. 고령자용으로 표시하여 판매하는 식품

3) 제조·가공기준

(1) 고령자의 섭취, 소화, 흡수, 대사, 배설 등의 능력을 고려하여 제조·가공
(2) 미생물로 인한 위해가 발생하지 아니하도록 **과일류 및 채소류** : 충분히 세척한 후 식품첨가물로 허용된 살균제로 살균 후 깨끗한 물로 충분히 세척(다만, 껍질을 제거하여 섭취하는 과일류, 과채류와 세척 후 가열과정이 있는 과일류 또는 채소류는 제외)
(3) **육류, 식용란** 또는 **동물성수산물**을 원료로 사용하는 경우 충분히 익도록 가열
(4) 고령자의 식품 섭취를 돕기 위하여 다음 중 어느 하나에 적합하도록 제조·가공
① 제품 100 g 당 **단백질, 비타민 A, C, D, 리보플라빈, 나이아신, 칼슘, 칼륨, 식이섬유 중 3개 이상의 영양성분**을 제8. 일반시험법 12. 부표 12.10 한국인 영양소 섭취기준 중 성인 남자 50~64세의 권장 섭취량 또는 충분섭취량의 10% 이상이 되도록 원료식품을 조합하거나 영양성분을 첨가. 다만, 특정 성별·연령군을 대상으로 하는 제품임을 명시하는 경우 해당 인구군의 영양소 섭취기준을 사용 가능
② 고령자가 섭취하기 용이하도록 경도 500,000 N/m^2 이하로 제조

4) 규 격

① 대장균군 : n=5, c=0, m=0 (살균제품)
② 대장균 : n=5, c=0, m=0 (비살균제품)
③ 경 도 : 500,000 N/m^2 이하 (경도조절제품)
④ 점 도 : 1,500 mpa·s 이상 (경도 20,000 N/m^2 이하의 점도조절 액상제품)

메모

메모

4. 장기보존식품의 기준 및 규격 - 냉동식품

(1) **살균제품** : 그 중심부의 온도를 63℃ 이상에서 30분 가열하거나 이와 같은 수준 이상의 효력이 있는 방법으로 가열 살균하여야 함.

■ 규 격 (식육, 포장육, 유가공품, 식육가공품, 알가공품, 식육함유가공품(비살균제품), 어육가공품류(비살균제품), 기타 동물성가공식품(비살균제품)은 제외)

(1) (별도로) 가열하지 않고 섭취하는 냉동식품

① 세균수 : n=5, c=2, m=100,000, M=500,000 (발효제품, 발효제품 첨가 또는 유산균 첨가제품 제외)
② 대장균군 : n=5, c=2, m=10, M=100 (살균제품)
③ 대장균 : n=5, c=2, m=0, M=10 (살균제품 제외)
④ 유산균수 : 표시량 이상 (유산균 첨가제품)

(2) (별도로) 가열하여 섭취하는 냉동식품

① 세균수 : n=5, c=2, m=1,000,000, M=5,000,000 (살균제품은 n=5, c=2, m=100,000, M=500,000, 발효제품, 발효제품 첨가 또는 유산균 첨가제품 제외)
② 대장균군 : n=5, c=2 m=10, M=100 (살균제품)
③ 대장균 : n=5, c=2, m=0, M=10 (살균제품 제외)
④ 유산균수 : 표시량 이상 (유산균 첨가제품)

~~4. 규격외 일반가공식품의 기준 및 규격~~

제5. 식품별 기준 및 규격의
16. 농산물가공식품류
20. 수산가공식품류
21. 동물성가공식품류
으로 분류됨

1. 식품유형

1) 곡류가공품 : 곡류를 주원료로 하여 가공한 것
2) 두류가공품 : 두류 〃
3) 서류가공품 : 서류 〃
4) 전분가공품 : 전분 〃
5) 식용유지가공품 : 식용유지(압착한 참기름, 압착한 들기름 제외)
6) 당류가공품 : 당류 〃
7) 수산물가공품 : 수산물 〃
8) 기타가공품: 상기 1)~7)에 해당하지 않는 가공식품

2. 규 격

1) 성 상 : 적합
2) 이 물 : 적합
3) 산 가
- 식용유지가공품 : 3.0 이하
- 참깨분 및 대두분 : 4.0 이하
- 식용번데기 가공품 또는 유탕·유처리식품 : 5.0 이하
4) 과산화물가 : 60 이하(식용번데기 가공품 또는 유탕·유처리식품)
5) 중금속(mg/kg) : 10 이하(식용유지가공품 또는 당류가공품)
6) 대장균군 : n=5, c=1, m=0, M=10(살균제품)
7) 세균수 : n=5, c=0, m=0(멸균제품)
8) 타르색소, 합성보존료, 산화방지제 : 식품첨가물공전에 사용기준이 정하여진 식품에 한하여 검사하며 중요성에 따라 선별 적용 가능
9) 대장균 : n=5, c=1, m=0, M=10(비살균제품 중 더 이상 가공, 가열 조리를 하지 않고 그대로 섭취하는 제품)

5. 식품별 기준 및 규격 - 1. 과자류, 빵류 및 떡류

■ 정 의

- 곡분, 설탕, 계란, 유제품 등을 주원료로 하여 가공한 과자, 캔디류, 추잉껌, 빵류, 떡류

■ 원료 등의 구비요건

- 부패·변질이 용이한 원료는 냉장 또는 냉동 보관

■ 제조·가공기준

- 흡입하여 섭취할 수 있는 컵모양 등 **젤리 크기** : 다음의 어느 하나에 적합
  . 뚜껑과 접촉하는 면의 최소내경이 5.5 cm 이상이고 높이와 바닥면의 최소 내경은 각각 3.5 cm 이상
  . 긴 변의 길이가 10 cm 이상이고 너비와 두께가 각각 1.5 cm 미만
  . 젤리 내 두 지점을 잇는 가장 긴 직선의 길이가 5.5 cm 이상이고 젤리의 중량이 60 g 이상
- 컵모양 등 **젤리의 원료**로 다음의 겔화제는 사용할 수 없음.
  . 곤약, 글루코만난

5. 식품별 기준 및 규격 - 1. 과자류, 빵류 및 떡류

■ 식품유형

● 과 자

- 곡분 등을 주원료로 하여 굽기, 팽화, 유탕 등의 공정을 거친 것이거나 이에 식품 또는 식품첨가물을 가한 것으로 **비스킷, 웨이퍼, 쿠키, 크래커, 한과류, 스낵과자 등**

● 캔디류

- 당류, 당알코올, 앙금 등을 주원료로 하여 이에 식품 또는 식품첨가물을 가하여 성형 등 가공한 것으로 **사탕, 캐러멜, 양갱, 젤리 등**

● 추잉껌

- 천연 또는 합성수지 등을 주원료로 한 껌베이스에 다른 식품 또는 식품첨가물을 가하여 가공한 것

● 빵 류

- 밀가루 또는 기타 곡분, 설탕, 유지, 계란 등을 주원료로 하여 이를 발효시키거나 발효하지 않고 반죽한 것 또는 크림, 설탕, 계란 등을 주원료로 하여 반죽하여 냉동한 것과 이를 익힌 것으로서 **식빵, 케이크, 카스텔라, 도넛, 피자, 파이, 핫도그, 티라미스, 무스케이크 등**

● 떡 류

- 쌀가루, 찹쌀가루, 감자가루 또는 전분이나 기타 곡분 등을 주원료로 하여 이에 식염, 당류, 곡류, 두류, 채소류, 과일류 또는 주류 등을 가하여 반죽한 것 또는 익힌 것

5. 식품별 기준 및 규격 - 1. 과자류, 빵류 및 떡류

■ 식품유형 ?

5. 식품별 기준 및 규격 - 1. 과자류, 빵류 및 떡류

■ 규 격

- **산 가** : 2.0 이하 (유탕·유처리 과자, 한과류는 3.0 이하)
- **허용 외 타르색소** : 불검출 (캔디류, 추잉껌, 빵류)
- 산화방지제(g/kg) : 다음에서 정하는 것 이외의 산화방지제 불검출 (추잉껌)
- **보존료**(g/kg) : 다음에서 정하는 것 이외의 보존료 불검출 (빵류)
  . 프로피온산, 프로피온산나트륨, 프로피온산칼슘 : 2.5 이하 (프로피온산 기준, 빵류)
- **세균수** : n=5, c=2, m=10,000, M=50,000 (과자, 캔디류 밀봉제품, 발효제품 또는 유산균 함유제품 제외)
- **황색포도상구균, 살모넬라** : n=5, c=0, m=0/10g (크림(우유, 달걀, 유크림, 식용유지를 주원료로 이에 식품이나 식품첨가물을 가하여 혼합 또는 공기혼입 등의 가공공정을 거친 것)을 도포 또는 충전 후 가열살균하지 않고 그대로 섭취하는 빵류)
- 대장균 : n=5, c=1, m=0, M=10 (떡류)
- 압착강도(Newton) : 5 이하 (컵모양, 막대형 등 젤리)
- **총 아플라톡신**(μg/kg) : 15.0 이하 (B_1, B_2, G_1 및 G_2 합, 단 B_1은 10.0 μg/kg 이하)
- **푸모니신**(mg/kg) : 1 이하 (B_1 및 B_2 합, 단, 옥수수 50% 이상 함유 과자, 캔디류, 추잉껌)
- 납(mg/kg) : 0.2 이하 (캔디류)

✎메모

메모

5. 식품별 기준 및 규격 - 2-4. 얼음류

■ 식품유형

● 식용얼음

- 식품의 제조·가공·조리 등에 직접 사용하거나 그대로 먹기 위하여 먹는물을 얼린 얼음

■ 규 격

항 목	식용얼음	어업용 얼음
염소이온(mg/L)	250 이하	-
질산성질소(mg/L)	10.0 이하	-
암모니아성질소(mg/L)	0.5 이하	-
과망간산칼륨소비량(mg/L)	10.0 이하	-
pH	4.5~9.5	4.5~9.5
증발잔류물(mg/L)	-	1,500 이하
세균수	n=5, c=2, m=100, M=1,000	n=5, c=2, m=100, M=1,000
대장균군	n=5, c=2, m=0, M=10/50mL	n=5, c=2, m=0, M=10/50mL

5. 식품별 기준 및 규격 - 3. 코코아가공품류 및 초콜릿류

- 테오브로마 카카오(*Theobroma cacao*)의 씨앗으로부터 얻은 코코아매스, 코코아버터, 코코아분말 등이거나 이에 식품 또는 식품첨가물을 가하여 가공한 기타 코코아가공품, 초콜릿, 밀크초콜릿, 화이트초콜릿, 준초콜릿, 초콜릿가공품

3-1. 코코아가공품류

■ 식품유형

- 코코아매스 : 카카오씨앗을 껍질을 벗겨서 곱게 분쇄시킨 것
- 코코아버터 : 카카오씨앗의 껍질을 벗긴 후 압착 또는 용매추출하여 얻은 지방
- 코코아분말 : 카카오씨앗을 볶은 후 껍질을 벗겨 지방을 제거한 덩어리를 분말화한 것
- 기타 코코아가공품 : 카카오씨앗에서 얻은 원료를 분쇄, 압착 등 단순가공한 것이나, 이에 식품 또는 식품첨가물 등의 혼합한 것으로 코코아매스, 코코아버터, 코코아분말 이외의 것. 초콜릿류, 과자류, 빵류 또는 떡류에 속하는 것은 제외

■ 규 격

- 납(mg/kg) : 2.0 이하 (코코아분말)
- 요오드가 : 33~42 (코코아버터)
- 살모넬라 : n=5, c=0, m=0/25 g

5. 식품별 기준 및 규격 - 3. 코코아가공품류 및 초콜릿류

3-2 초콜릿류

■ 식품유형

- 초콜릿 : 코코아가공품류에 식품 또는 식품첨가물 등을 가하여 가공한 것으로 코코아 고형분 함량 30% 이상(코코아버터 18% 이상, 무지방 코코아 고형분 12% 이상)
- 밀크초콜릿 : 식품 또는 식품첨가물 등을 가하여 가공한 것으로 코코아 고형분을 20% 이상(무지방 코코아 고형분 2.5% 이상) 함유하고 유고형분이 12% 이상(유지방 2.5% 이상)인 것
- 화이트초콜릿 : 코코아가공품류에 식품 또는 식품첨가물 등을 가하여 가공한 것으로서, 코코아버터를 20% 이상 함유하고, 유고형분이 14% 이상(유지방 2.5% 이상)인 것
- 준초콜릿 : 식품 또는 식품첨가물 등을 가하여 가공한 것으로서 코코아 고형분 함량 7% 이상인 것
- 초콜릿가공품 : 견과류, 캔디류, 비스킷류 등 식용 가능한 식품에 (초콜릿)~(준초콜릿)의 초콜릿류를 혼합, 코팅, 충전 등의 방법으로 가공한 복합제품으로 코코아 고형분 함량 2% 이상인 것

5. 식품별 기준 및 규격 - 3. 코코아가공품류 및 초콜릿류

■ 제조·가공기준

- 알코올 성분을 첨가할 수 없음. 다만, 풍미증진의 목적으로 알코올 성분을 사용할 수 있으나, 이 경우 제품에는 1% 미만으로 잔류

■ 규 격

- 허용 외 타르색소 : 불검출
- 세균수 : n=5, c=2, m=10,000, M=50,000 (밀봉제품에 한하며, 발효제품 또는 유산균 첨가제품 제외)
- 유산균수 : 표시량 이상 (유산균 함유제품)
- 살모넬라 : n=5, c=0, m=0/25 g

5. 식품별 기준 및 규격 - 4-1. 설탕류

■ 규 격

항 목	설 탕	기타설탕
성 상	무색~갈색의 단맛을 가진 결정, 결정성 분말, 덩어리 형태	-
당 도(%)	99.7 이상 (단, 갈색설탕은 97.0 이상)	86.0 이상
사카린나트륨	불검출	
납(mg/kg)	0.5 이하	1.0 이하
이산화황(g/kg)	0.020 미만	

5. 식품별 기준 및 규격 - 5. 잼류

■ 규 격

- 타르색소 : 불검출 (기타잼은 제외)
- 납(mg/kg) : 1.0 이하
- 보존료(g/kg) : 다음이 정하는 것 이외의 보존료는 불검출

소브산 소브산칼륨 소브산칼슘	1.0 이하 (소브산으로서)
안식향산 안식향산나트륨 안식향산칼륨 안식향산칼슘	1.0 이하 (안식향산으로서)
파라옥시안식향산메틸 파라옥시안식향산에틸	1.0 이하 (파라옥시안식향산으로서)
프로피온산 프로피온산나트륨 프로피온산칼슘	1.0 이하 (프로피온산으로서)
상기의 보존료를 병용 사용 시	1.0 이하 (소브산, 안식향산, 파라옥시안식향산 및 프로피온산의 합으로서)

메모

메모

5. 식품별 기준 및 규격 - 7-1. 식물성유지류

■ 규 격

항 목	콩기름	옥수수기름	채종유	미강유
산 가	0.6 이하(압착유는 4.0 이하)			
요오드가	123~142 (고올레산 제품은 75 ~95)	103 ~ 130	95 ~ 127	92 ~ 115

항 목	참기름	추출참깨유	들기름	추출들깨유
산 가	4.0 이하	0.6 이하	5.0 이하	0.6 이하
요오드가	103 ~ 118	103 ~ 118	160 ~ 209	160 ~ 209
산화방지제 (g/kg)	-	-	다음에서 정하는 것 이외의 산화방지제는 불검출	
			부틸히드록시아니솔 디부틸히드록시톨루엔 터셔리부틸히드로퀴논	0.2 이하 (병용할 때는 부틸 히드록시 아니솔, 디부틸 히드록시톨루엔 및 터셔리 부틸히드로 퀴논으로서의 사용량의 합계가 0.2 이하)
			몰식자산프로필	0.1 이하
리놀렌산(%)*	0.5 이하	-	-	-
에루스산(%)	불검출	-	-	-

5. 식품별 기준 및 규격 - 7-3. 식용유지가공품

■ 규 격

항 목	가공유지	쇼트닝	마가린
조지방(%)	-	-	80.0 이상 (저지방마가린은 10.0 이상 80.0 미만)
산 가	0.6 이하	0.8 이하 (단, 시중에 유통판매할 목적이 아닌 업소용으로 레시틴, 글리세린지방산에스테르 등 유화제를 사용한 경우 제외)	1.0 이하 (다만, 유지방 또는 레시틴, 글리세린 지방산에스테르 등을 사용한 경우 제외)
과산화물가	3.0 이하	-	-
타르색소	-	-	불검출
산화방지제(g/kg	다음에서 정하는 것 이외의 산화방지제 불검출		
보존료(g/kg)	-	-	다음에서 정하는 것 이외의 보존료 불검출

5. 식품별 기준 및 규격 - 9-1. 다류

■ 정 의

- 식물성 원료를 주원료로 제조·가공한 기호성 식품으로서 침출차, 액상차, 고형차

■ 식품유형

- 침출차 : 식물의 어린 싹이나 잎, 꽃, 줄기, 뿌리, 열매 또는 곡류 등을 주원료로 하여 가공한 것으로서 물에 침출하여 그 여액을 음용하는 기호성 식품
- 액상차 : 식물성 원료를 주원료로 추출 등 방법으로 가공한 것(추출액, 농축액 또는 분말) 이거나 이에 식품 또는 식품첨가물을 가한 시럽상 또는 액상의 기호성 식품
- 고형차 : 식물성 원료를 주원료로 가공한 것으로 분말 등 고형의 기호성 식품

■ 규 격

- 타르색소 : 불검출
- 납(mg/kg) : 침출차 5.0 이하, 액상차 0.3 이하, 고형차 2.0 이하
- 카드뮴(mg/kg) : 0.1 이하 (액상차)
- 주석(mg/kg) : 150 이하 (알루미늄 캔 이외의 액상 캔제품)
- 세균수 : n=5, c=1, m=100, M=1,000 (액상제품)
- 대장균군 : n=5, c=1, m=0, M=10 (액상제품)

5. 식품별 기준 및 규격 - 9-2. 커피

■ 정 의

- 커피원두를 가공한 것이거나 또는 이에 식품 또는 식품첨가물을 가한 것으로서 볶은커피(커피원두를 볶은 것 또는 이를 분쇄한 것), 인스턴트커피(볶은커피의 가용성추출액을 건조한 것), 조제커피, 액상커피(유가공품에 커피를 혼합하여 음용하도록 만든 것으로서 커피 고형분 0.5% 이상인 제품 포함)

■ 규 격

- 납(mg/kg) : 2.0 이하
- 주석(mg/kg) : 150 이하 (알루미늄 캔 이외의 액상 캔제품)
- 허용 외 타르색소 : 불검출
- 세균수 : n=5, c=1, m=100, M=1,000 (액상제품 중 더 이상 제조·가공하지 않고 그대로 섭취하는 제품)
- 대장균군 : n=5, c=1, m=0, M=10 (액상제품 중 더 이상 제조·가공하지 않고 그대로 섭취하는 제품)

5. 식품별 기준 및 규격 - 9-3. 과일·채소류음료

■ 정 의

- 과일 또는 채소를 주원료로 하여 가공한 것으로서 직접 또는 희석하여 음용하는 것으로 농축과·채즙, 과·채주스, 과·채음료

■ 제조·가공기준

- 과일 및 채소류 : 물로 충분히 세척

■ 규 격

- 납(mg/kg) : 0.05 이하
- 카드뮴(mg/kg) : 0.1 이하
- 주석(mg/kg) : 150 이하 (알루미늄 캔 이외의 캔 제품)
- 세균수 : n=5, c=1, m=100, M=1,000 (다만, 가열하지 아니한 제품 또는 가열하지 아니한 원료가 함유된 제품은 n=5, c=1, m=100,000, M=500,000 이하)
- 대장균군 : n=5, c=1, m=0, M=10 (다만, 가열하지 아니한 제품 또는 가열하지 아니한 원료가 함유된 제품 제외)
- 대장균 : n=5, c=1, m=0, M=10 (가열하지 아니한 제품 또는 가열하지 아니한 원료 함유제품)
- 보존료(g/kg) : 다음에서 정하는 것 이외의 보존료 불검출

5. 식품별 기준 및 규격 - 13-6. 식염

■ 식품유형

- 천일염 : 염전에서 해수를 자연 증발시켜 얻은 염화나트륨이 주성분인 결정체와 이를 분쇄, 세척, 탈수 또는 건조한 염
- 재제소금(재제조소금) : 원료 소금(100%)을 정제수, 해수 또는 해수농축액 등으로 용해, 여과, 침전, 재결정, 탈수의 과정을 거쳐 제조한 소금
- 태움·용융소금 : 원료 소금(100%)을 태움·용융 등의 방법으로 그 원형을 변형한 소금. 다만, 원료 소금을 세척, 분쇄, 압축의 방법으로 가공한 것은 제외
- 정제소금 : 해수(해양심층수 포함)를 농축·정제한 농축함수 또는 원료소금(100%)을 용해한 물을 증발설비 등에 넣어 제조한 소금
- 기타소금 : 식염 중 위 식품유형 이외의 소금으로 암염이나 호수염 등을 식용에 적합하도록 가공하여 분말, 결정형 등으로 제조한 소금
- 가공소금 : 유형이 상이한 식염을 서로 혼합하거나 천일염, 재제소금, 태움·용융소금, 정제소금, 기타소금을 50% 이상 사용하여 식품 또는 식품첨가물을 가해 가공한 소금

■ 규 격

- 염화나트륨, 수분, 불용분, 비소, 납, 카드뮴, 수은, 페로시안화이온

메모

메모

5. 식품별 기준 및 규격 - 15-4. 주정

■ 규 격

항 목	주 정	곡물주정
성 상	무색투명하고 부유물 및 이미, 이취가 없을 것	무색투명하고 고유 향미가 있을 것
에탄올(v/v%)	95 이상	85~90
증발잔류물(mg/100 g)	2.5 이하	2.5 이하
총산(초산 w/v%)	0.002 이하	0.05 이하
알데히드(아세트알데히드 mg/100 mL)	1 이하	10 이하
메탄올(mg/mL)	0.15 이하	0.5 이하
퓨젤유(v/v%)	0.01 이하	0.5 이하
구리(mg/kg)	-	3 이하
과망간산 환원성 물질	5분 이내에 표준액보다 퇴색되지 않을 것	-
황산정색물	불검출	-
염화물	불검출	-

5. 식품별 기준 및 규격 - 16-2. 밀가루류

■ 식품유형

- 밀가루 : 밀을 선별, 가수, 분쇄, 분리 등의 과정을 거쳐 얻은 분말로 전립밀가루, 혼합밀가루, 세몰리나 등의 밀가루를 포함
- 영양강화 밀가루 : 밀가루에 영양강화와 관련된 식품 및 식품첨가물을 가한 밀가루

■ 규 격

항 목 \ 구 분	밀가루				영양강화 밀가루
	1등급	2등급	3등급	기 타	
수 분(%)	15.5 이하				
회 분(%)	0.6 이하	0.9 이하	1.6 이하	2.0 이하	2.0 이하
사 분(%)	0.03 이하				
납(mg/kg)	0.2 이하				
카드뮴(mg/kg)	0.2 이하				

5. 식품별 기준 및 규격 - 16-3. 땅콩 또는 견과류가공품류

■ 정 의

- 땅콩 또는 견과류를 단순가공하거나 이에 식품 또는 식품첨가물을 가하여 가공한 땅콩버터, 땅콩 또는 견과류가공품

■ 식품유형

- 땅콩버터 : 땅콩을 볶아 분쇄하여 식품, 식품첨가물을 가하여 가공한 것
- 땅콩 또는 견과류가공품 : 땅콩 또는 견과류를 단순가공하거나 이를 주원료로 하여 설탕, 식용유지 등의 식품이나 식품첨가물을 가하여 가공한 것

■ 규 격

- 총 아플라톡신(μg/kg) : 15.0 이하 (B_1, B_2, G_1 및 G_2의 합으로서, 단 B_1은 10.0 μg/kg 이하)
- 살모넬라 : n=5, c=0, m=0/25 g

5. 식품별 기준 및 규격 - 16-7. 기타농산물가공품류

■ 정 의

- 과일, 채소, 곡류, 두류, 서류, 버섯 등 농산물을 가공한 것을 말한다. 다만, 따로 기준 및 규격이 정하여진 것은 제외

■ 식품유형

- 과·채가공품 : 과일류, 채소류 또는 버섯류를 주원료로 하여 제조·가공하거나 이에 식품 또는 식품첨가물을 가하여 가공한 것
- 곡류가공품 : 쌀, 밀, 옥수수 등 곡류를 주원료로 하여 제조·가공하거나 이에 식품 또는 식품첨가물을 가하여 가공한 것
- 두류가공품 : 콩, 녹두, 팥 등 두류를 주원료로 하여 제조·가공하거나 이에 식품 또는 식품첨가물을 가하여 가공한 것
- 서류가공품 : 감자, 고구마, 토란 등 서류를 주원료로 하여 제조·가공하거나 이에 식품 또는 식품첨가물을 가하여 가공한 것
- 기타 농산가공품 : 농산물을 주원료로 하여 제조·가공하거나 이에 식품 또는 식품첨가물을 가하여 가공한 것으로서 다른 유형에 속하지 않는 것

5. 식품별 기준 및 규격 - 16-7. 기타농산물가공품류

■ 규 격

- 성 상 : 적합
- 이 물 : 적합
- 산 가 : 4.0 이하 (참깨분, 대두분), 5.0 이하 (유탕·유처리식품)
- 과산화물가 : 60 이하 (유탕·유처리식품)
- 타르색소 : 불검출 (과·채가공품)
- 대장균군 : n=5, c=1, m=0, M=10 (살균제품)
- 세균수 : n=5, c=0, m=0 (멸균제품)
- 대장균 : n=5, c=1, m=0, M=10 (비살균제품 중 더 이상 가공, 가열 조리를 하지 않고 그대로 섭취하는 비살균제품)
- 총 아플라톡신(μg/kg) : 15.0 이하 (B_1, B_2, G_1 및 G_2의 합으로서, 단 B_1은 10.0 μg/kg 이하이어야 하며 곡류가공품 중 팝콘용옥수수가공품)

5. 식품별 기준 및 규격 - 17-2. 소시지류

■ 규 격

- 아질산 이온(g/kg) : 0.07 이하
- 보존료(g/kg) : 다음에서 정하는 이외의 보존료 불검출

소브산 소브산칼륨 소브산칼슘	2.0 이하(소브산으로서)

- 세균수 : n=5, c=0, m=0 (멸균제품)
- 대장균 : n=5, c=2, m=10, M=100 (발효소시지)
- 대장균군 : n=5, c=2, m=10, M=100 (살균제품)
- 장출혈성 대장균 : n=5, c=0, m=0/25 g (식육을 분쇄하여 케이싱에 충전 후 냉장·냉동한 제품)
- 살모넬라 : n=5, c=0, m=0/25 g (살균제품 또는 그대로 섭취하는 제품)
- 리스테리아 모노사이토제네스 : n=5, c=0, m=0/25 g (살균제품 또는 그대로 섭취하는 제품)
- 황색포도상구균 : n=5, c=1, m=10, M=100 (살균제품 또는 그대로 섭취하는 제품. 다만, 발효소시지는 n=5, c=2, m=10, M=100)

메모

메모

5. 식품별 기준 및 규격 - 18-1. 알가공품

■ 정 의

- 알 또는 알가공품을 원료로 하여 식품 또는 식품첨가물을 가한 것이거나 이를 가공한 전란액, 난황액, 난백액, 전란분, 난황분, 난백분, 알가열제품, 피단

■ 규 격

- 수 분(%) : 10.0 이하 (분말제품)
- 세균수
  . 살균제품 또는 그대로 섭취하는 제품 : n=5, c=1, m=10,000, M=50,000
  . 비살균제품 : n=5, c=1, m=500,000, M=1,000,000
- 대장균군
  . 살균제품 : n=5, c=1, m=10, M=100
  . 비살균제품 : n=5, c=1, m=100, M=1,000 (다만, 피단은 n=5, c=0, m=0)
- 살모넬라 : n=5, c=0, m=0/25 g
- 리스테리아 모노사이토제네스 : n=5, c=0, m=0/25 g (살균제품 또는 그대로 섭취하는 제품)

5. 식품별 기준 및 규격 - 19-1. 우유류

■ 규 격

- 산 도(%) : 0.18 이하 (젖산으로)
- 유지방(%) : 3.0 이상 (다만, 저지방제품은 0.6 ~ 2.6, 무지방제품은 0.5 이하)
- 세균수 : n=5, c=2, m=10,000, M=50,000 (멸균제품은 55℃에서 1주 또는 30℃에서 2주 보관 후 일반세균수 시험법에 의할 때 n=5, c=0, m=0. 다만, 유산균 첨가제품은 제외)
- 대장균군 : n=5, c=2, m=0, M=10 (멸균제품은 제외)
- 포스파타제 : 음성 (저온장시간 살균제품, 고온단시간 살균제품)
- 살모넬라 : n=5, c=0, m=0/25 g
- 리스테리아 모노사이토제네스 : n=5, c=0, m=0/25 g
- 황색포도상구균 : n=5, c=0, m=0/25 g

5. 식품별 기준 및 규격 - 19-8. 버터류

■ 규 격

항 목	버 터	가공버터	버터오일
수 분(%)	18.0 이하	18.0 이하	0.3 이하
유지방(%)	80.0 이상	30.0 이상	99.6 이상
산 가	2.8 이하 (단, 발효제품 제외)	2.8 이하 (단, 발효제품 제외)	2.8 이하
지방의 낙산가	20.0±2	-	20.0±2
타르색소	불검출		
대장균군	n=5, c=2, m=0, M=10		
살모넬라	n=5, c=0, m=0/25 g		
리스테리아 모노사이토제네스	n=5, c=0, m=0/25 g		
황색포도상구균	n=5, c=0, m=0/25 g		
산화방지제(g/kg) : 다음에서 정하는 이외의 산화방지제 불검출			
부틸히드록시아니솔 디부틸히드록시톨루엔 터셔리부틸히드로퀴논	0.2 이하 (병용할 때에는 부틸히드록시아니솔, 디부틸히드록시톨루엔 및 터셔리 부틸히드로퀴논으로서의 사용량의 합계가 0.2이하)		
몰식자산 프로필	0.1 이하		
보존료(g/kg) : 다음에서 정하는 이외의 보존료 불검출			
데히드로초산나트륨	0.5 이하 (데히드로초산으로서)		

5. 식품별 기준 및 규격 - 19-9. 치즈류

■ 규 격

항 목	자연치즈	가공치즈
대장균	n=5, c=1, m=10, M=100	-
대장균군	-	n=5, c=2, m=10, M=100
살모넬라	n=5, c=0, m=0/25 g	
리스테리아 모노사이토제네스	n=5, c=0, m=0/25 g	
황색포도상구균	n=5, c=2, m=10, M=100	
클로스트리디움 퍼프린젠스	n=5, c=2, m=10, M=100 (비살균원유로 만든 치즈에 한함)	
장출혈성 대장균	n=5, c=0, m=0/25 g (비살균원유로 만든 치즈에 한함)	
보존료(g/kg) : 다음에서 정하는 이외의 보존료 불검출		
데히드로초산나트륨	0.5 이하 (데히드로초산으로서)	
소브산 소브산칼륨 소브산칼슘	3.0 이하 (소브산으로서 기준하며, 프로피온산칼슘 또는 프로피온산나트륨을 병용할 때에는 소브산 및 프로피온산의 사용량의 합계가 3.0 이하)	
프로피온산 프로피온산칼슘 프로피온산나트륨	3.0 이하 (프로피온산으로서 기준하며, 소브산, 소브산칼륨 또는 소브산칼슘을 병용할 때에는 프로피온산 및 소브산의 사용량의 합계가 3.0 이하)	

5. 식품별 기준 및 규격 - 23-2. 즉석섭취편의식품류

■ 정 의

- 소비자가 별도의 조리과정 없이 그대로 또는 단순조리과정을 거쳐 섭취할 수 있도록 제조·가공·포장한 즉석섭취식품, 신선편의식품, 즉석조리식품, 간편조리세트
- 다만, 따로 기준 및 규격이 정하여져 있는 식품은 그 기준·규격에 의함

■ 식품유형

- 즉석섭취식품 : 동·식물성 원료를 식품이나 식품첨가물을 가하여 제조·가공한 것으로서 더 이상의 가열, 조리과정 없이 그대로 섭취할 수 있는 도시락, 김밥, 햄버거, 선식 등
- 신선편의식품 : 농·임산물을 세척, 박피, 절단 또는 세절 등의 가공공정을 거치거나 이에 단순히 식품 또는 식품첨가물을 가한 것으로서 그대로 섭취할 수 있는 샐러드, 새싹채소 등
- 즉석조리식품 : 동·식물성 원료를 식품이나 식품첨가물을 가하여 제조·가공한 것으로서 단순가열 등의 조리과정을 거치거나 이와 동등한 방법을 거쳐 섭취할 수 있는 국, 탕, 수프, 순대 등 (다만, 간편조리세트에 속하는 것은 제외)
- 간편조리세트 : 조리되지 않은 손질된 농 · 축 · 수산물과 가공식품 등 조리에 필요한 정량의 식재료와 양념 및 조리법으로 구성되어, 제공되는 조리법에 따라 소비자가 가정에서 간편하게 조리하여 섭취할 수 있도록 제조한 제품

5. 식품별 기준 및 규격 - 23-2. 즉석섭취편의식품류

■ 규 격

항 목	신선편의식품	즉석섭취식품	즉석조리식품	간편조리세트
세균수	n=5, c=0, m=0 (멸균제품)			-
대장균군	-	-	n=5, c=1, m=0, M=10 (살균제품)	-
대장균	n=5, c=1, m=10, M=100	n=5, c=1, m=0, M=10	n=5, c=1, m=0, M=10 (살균, 멸균제품 제외)	n=5, c=1, m=0, M=10
황색포도상구균	n=5, c=1, m=100, M=1,000			
살모넬라	n=5, c=0, m=0/25 g			
장염비브리오	n=5, c=1, m=100, M=1,000 (살균 또는 멸균처리되지 않은 해산물 함유제품)		-	n=5, c=1, m=100, M=1,000 (살균 또는 멸균처리 되지 않은 해산물 함유제품)
장출혈성 대장균	n=5, c=0, m=0/25 g	-	-	n=5, c=0, m=0/25 g (가열 조리하지 않고 섭취하는 농축수산물 함유제품)
바실루스 세레우스	1 g 당 1,000 이하		-	-
클로스트리디움 퍼프린젠스	n=5, c=2, m=100, M=1,000		-	-

메모

메모

6. 식품접객업소 조리식품 등에 대한 기준 및 규격

■ 정 의

- 식품접객업소(집단급식소 포함)의 조리식품 : 유통판매를 목적으로 하지 아니하고 조리 등의 방법으로 손님에게 직접 제공하는 모든 음식물(음료수, 생맥주 등 포함)

■ 원료 기준

● 원료의 구비요건

(1) 원료는 선도가 양호한 것으로서 부패·변질되었거나 유독·유해물질 등에 오염되지 아니한 것이어야 한다.

(2) 원료 및 기구 등의 세척, 식품의 조리, 먹는물 등으로 사용되는 **물**은 「먹는물 관리법」의 수질기준에 적합한 것이어야 하며, 노로바이러스가 검출되어서는 아니된다(수돗물 제외).

(3) 식품접객업소에서 사용하는 **얼음**은 세균수가 1 mL당 1,000 이하, 대장균 및 살모넬라가 250 mL당 음성이어야 하며, 기타 이화학적 규격은 제 4. 식품별 기준 및 규격 2-4 얼음류의 기준 및 규격에 적합한 것이어야 한다.

(4) 식용을 목적으로 채취, 취급, 가공, 제조 또는 관리되지 아니한 동·식물성 원재료는 식품의 조리용으로 사용하여서는 아니 된다.

6. 식품접객업소 조리식품 등에 대한 기준 및 규격

■ 원료 기준

● 원료의 보관 및 저장

- **공 통**

(1) 모든 식품 등은 위생적으로 취급하여야 하며 쥐, 바퀴벌레 등 위해생물에 의하여 오염되지 않도록 보관하여야 한다.

(2) 식품 등은 세척제나 인체에 유해한 화학물질, 농약, 독극물 등과 함께 보관하여서는 아니 된다.

(3) 기준규격이 정해진 식품 등은 정해진 기준에 따라 보관·저장하여야 하며, 농·임·축·수산물 중 선도를 유지해야 하는 원료의 경우에는 냉장 또는 냉동 보관하여야 한다.

(4) 세척 등 전처리를 거쳐 식품에 바로 사용할 수 있는 식품이나 가공식품은 바닥으로부터 오염되지 않도록 용기 등에 담아서 청결한 장소에 보관하여야 한다.

(5) 개별표시된 식품 등을 제외하고, 냉장으로 보관하여야 하는 경우에는 10℃ 이하, 냉동으로 보관하여야 하는 경우에는 -18℃ 이하에서 보관하여야 한다.

(6) 냉동식품의 해동

① 냉동식품의 해동은 위생적으로 실시하여야 한다.

② 해동 후 바로 사용하지 않는 경우 조리 시까지 냉장 보관하여야 한다.

③ 한 번 해동한 식품의 경우 다시 냉동하여서는 아니 된다. 다만, 냉동식품을 분할하는 경우에는 그러하지 아니할 수 있으나 작업 후 즉시 냉동하여야 한다.

6. 식품접객업소 조리식품 등에 대한 기준 및 규격

■ 원료 기준

● 원료의 보관 및 저장

- **식품별**

(1) 곡류(쌀, 보리, 밀가루 등)

① 건조하고 서늘한 곳에 위생적으로 보관하여야 한다.

② 곰팡이가 피거나 색깔이 변하지 않도록 보관하여야 한다.

(2) 유지류(참기름, 들기름, 현미유, 옥수수기름, 콩기름 등) 및 유지 함유량이 많은 견과류 등은 직사광선을 받지 아니하는 서늘한 곳에 보관하거나 냉장 또는 냉동 보관하여야 한다.

(3) 축·수산물(쇠고기, 돼지고기, 생선 등)은 각각 위생적으로 포장하여 다른 식품과 용기, 포장 등으로 구분하여 냉장 또는 냉동 보관하여야 한다.

(4) 과일 및 채소류(사과, 배, 복숭아, 포도, 배추, 무, 양파, 오이, 양배추, 시금치 등)는 세척한 과일·채소와 세척하지 않은 과일·채소가 섞이지 않도록 따로 보관하여야 한다.

(5) 기타식품

① 조미식품은 이물의 혼입이나 오염방지를 위하여 마개나 덮개를 닫아 보관하여야 한다.

6. 식품접객업소 조리식품 등에 대한 기준 및 규격

■ 조리 및 관리기준

(1) 사용 중인 **튀김용 유지**는 산가 3.0 이하이어야 한다.

(2) 식품의 조리에 **직접 접촉하는 기구류**는 부식 등으로 인한 오염이 되지 않도록 관리하여야 한다.

(3) **조리한 식품**은 위생적인 용기 등에 넣어 조리하지 않은 식품과 교차오염되지 않도록 관리하여야 한다.

(4) 가능한 한 조리한 식품 중 냉면육수 등 **찬 음식**의 보관은 10℃ 이하에서, **따뜻한 음식**의 보관은 60℃ 이상에서 보관하여야 한다.

(6) 야채 또는 과일을 살균 또는 세척에 **살균제 또는 세척제**를 사용할 때에는 「식품첨가물의 기준 및 규격」(식품의약품안전처 고시)에 적합한 살균제 또는 「위생용품의 기준 및 규격」(식품의약품안전처 고시)에 적합한 세척제를 사용하여야 하며, 야채 또는 과일 이외의 식품에는 세척제를 사용하여서는 아니 된다.

(7) 소비자가 **그대로 섭취할 수 있는 냉동제품**은 해동 후 24시간 이내에 한하여 해동 판매할 수 있다.

6. 식품접객업소 조리식품 등에 대한 기준 및 규격

■ 규 격

● 조리식품 등

- **성 상** : 고유의 색택과 향미를 가지고 이미·이취가 없어야 한다.
- **이 물** : 식품은 원료의 처리과정에서 그 이상 제거되지 아니하는 정도 이상의 이물과 오염된 비위생적인 이물을 함유하여서는 아니 된다. 다만 다른 식품이나 원료식물의 표피 또는 토사 등과 같이 실제에 있어 정상적인 조리과정 중 완전히 제거되지 아니 하고 잔존하는 경우의 이물로서 그 양이 적고 일반적으로 인체의 건강을 해할 우려가 없는 정도는 제외한다.
- **식중독균** : 식품접객업소(집단급식소 포함)에서 조리된 식품은 살모넬라(*Salmonella* spp.), 황색포도상구균(*Staphylococcus aureus*), 리스테리아 모노사이토제네스(*Listeria monocytegenes*), 장출혈성 대장균(Enterohemorrhagic *Escherichia coli*), 캠필로박터 제주니/콜리(*Camplyobacter jejuni/coli*), 여시니아 엔테로콜리티카(*Yersinia entero-colitica*), 비브리오 패혈증균(*Vibrio vulnificus*), 비브리오 콜레라(*Vibrio cholerae*) 등 **식중독균**이 음성이어야 하며, 장염비브리오균(*Vibrio parahaemolyticus*), 클로스트리디움 퍼프린젠스(*Clostridium perfringens*) g당 100 이하, 바실러스 세레우스(*Bacillus cereus*) g당 10,000 이하이어야 한다. 다만, **조리과정 중 가열처리를 하지 않거나 가열 후 조리한 식품** 경우 황색포도상구균(*Staphylococcus aureus*)은 g당 100 이하이어야 한다.

6. 식품접객업소 조리식품 등에 대한 기준 및 규격

■ 규 격

● 조리식품 등

- **대장균** : 1g당 10 이하(단순 절단을 포함하여 직접 조리한 식품에 한함)
- **세균수** : 3,000/g 이하이어야 한다(슬러쉬에 한한다. 단, 유가공품, 유산균, 발효식품 및 비가열제품이 함유된 경우에는 제외)

* **얼 음** : 세균수 1,000 이하/mL, 대장균 및 살모넬라 음성/250 mL
* **튀김용 유지** : 산가 3.0 이하

● 접객용 음용수

- **대장균** : 음성/250 mL
- **살모넬라** : 음성/250 mL
- **여시니아 엔테로콜리티카** : 음성/250 mL

● 조리기구 등

- **행주**(사용 중인 것은 제외) : 대장균 음성
- **칼·도마** 및 숟가락, 젓가락, 식기, 찬기 등 음식을 먹을 때 사용하거나 담는 것(사용 중인 것은 제외) : 살모넬라 음성, 대장균 음성

✎메모

메모

Ⅳ-2. 식품첨가물의 기준 및 규격
(식품첨가물공전, Food Additive Code)

1. 식품첨가물 종류

■ 식품첨가물 (법 제2조 2호)

- 식품을 제조·가공 또는 보존하는 과정에서 식품에 넣거나 섞는 물질 또는 식품을 적시는 등에 사용되는 물질
- 이 경우 기구·용기·포장을 살균·소독하는 데에 사용되어 간접적으로 식품으로 옮아갈 수 있는 물질을 포함

● 화학적 합성품 (법 제2조 3호)

- 화학적 수단으로 원소(元素) 또는 화합물에 분해반응 외의 화학반응을 일으켜서 얻은 물질

● 혼합제제류

- 식품첨가물을 2종 이상 혼합하거나 1종 또는 2종 이상 혼합한 것을 희석제와 혼합 또는 희석한 것

● 기구 등의 살균소독제

- 기구 및 용기·포장의 살균·소독 목적으로 사용되는 것

1. 식품첨가물 종류

■ 사용목적 및 용도에 따른 분류

- 감미료
- 고결방지제
- 거품제거제
- 껌기초제
- 밀가루개량제
- 발색제
- 보존료
- 분사제
- 산도조절제
- 산화방지제
- 살균제
- 습윤제
- 안정제
- 여과보조제
- 영양강화제
- 유화제
- 이형제
- 응고제
- 제조용제
- 젤형성제
- 증점제
- 착색료
- 청관제
- 추출용제
- 충전제
- 팽창제
- 표백제
- 표면처리제
- 피막제
- 향미증진제
- 향 료
- 효소제
- 가공보조제(살균제, 여과보조제, 이형제, 제조용제, 청관제, 추출용제, 효소제)

2. 사용목적 및 사용방법

■ 사용목적

- 식품의 풍미, 외관 향상
- 식품의 보존성 향상, 식중독 예방
- 식품의 품질 향상
- 식품의 제조·가공 보조
- 영양소의 보충, 강화 등

■ 사용방법

- 영업자와 종업원 모두 정확한 지식을 가지고 올바르게 사용
- 올바른 식품첨가물 선택
- 효과적이고 경제적인 사용방법 확인
- 사용기준 준수
- 보관에 주의

3. 식품첨가물공전 구성

Ⅰ. 총 칙

Ⅱ. 식품첨가물 및 혼합제제류

1. 제조기준
2. 일반사용기준
3. 보존 및 유통기준
4. 품목별 성분규격
   가. 식품첨가물
   나. 혼합제제류
5. 품목별 사용기준

Ⅲ. 기구 등의 살균소독제

1. 제조기준
2. 일반사용기준
3. 보존 및 유통기준
4. 품목별 성분규격
5. 품목별 사용기준

Ⅳ. 일반시험법
Ⅴ. 시약·시액·용량분석용 표준용액 및 표준용액
부 록

4. 식품첨가물

■ 제조기준

● 식품첨가물 일반

- 제조 또는 가공에 필요불가결한 경우 이외에는 산성백토, 백도토, 벤토나이트, 탈크, 모래, 규조토, 탄산마그네슘 또는 이와 유사한 불용성의 광물성물질을 사용 금지

● 혼합제제류

- 사용하는 첨가물은 식품첨가물공전에 수재된 품목으로 품목별 규격에 적합한 것
- 그 사용목적이 타당하며, 원래 성분에 변화를 주는 제조방법이어서는 아니 됨.
- 희석제는 식품첨가물을 용해, 희석, 분산시키는 목적으로 사용하여야 하며 식품첨가물의 기능에 변화를 주어서는 아니 됨
- 품질 안정, 형태 형성을 위하여 필요불가결한 경우 산화방지제, 보존료, 유화제, 안정제, 용제 등의 첨가물을 기술적 효과를 달성하는데 필요한 최소량으로 사용 가능

메모

메모

4. 식품첨가물

■ 일반사용기준

- 식품 중에 첨가되는 첨가물의 양은 물리적, 영양학적 또는 기타 기술적 효과를 달성하는 데 필요한 최소량으로 사용
- 식품제조·가공과정중 결함있는 원재료나 비위생적인 제조방법을 은폐하기 위하여 사용 금지
- 식품을 제조·가공·조리 또는 보존하는 과정에 사용하여야 하며, 그 자체로 직접 섭취하거나 흡입하는 목적으로 사용금지
- 「대외무역관리규정」(산업통상자원부 고시)에 따른 외화획득용 원료 및 제품(주식회사 한국관광용품센타에서 수입하는 식품 제외), 「관세법」 제143조에 따라 세관장의 허가를 받아 외국으로 왕래하는 선박 또는 항공기 안에서 소비되는 식품 및 선천성 대사이상 질환자용 식품을 제조·가공·수입함에 있어 사용되는 첨가물은 「식품위생법」 제6조 및 이 규격기준의 미적용 가능

4. 식품첨가물

■ 보존 및 유통기준

- 식품첨가물은 위생적으로 보관 판매하여야 하며, 그 보관 및 판매장소가 불결한 곳에 위치하여서는 아니된다. 또한, 방서 및 방충 관리를 철저히 한다.
- 식품첨가물의 취급 장소는 비, 눈 등으로부터 보호될 수 있어야 하며, 인체에 유해한 화공약품, 농약, 독극물 등과 같은 것을 함께 보관하지 말아야 한다.
- 이물이 혼입되지 않도록 주의하여야 하며, 식품첨가물의 풍미 등 품질에 영향을 줄 수 있는 다른 식품첨가물과는 분리 보관하여야 한다.
- 흡습의 우려가 있는 식품첨가물은 흡습되지 않도록 주의하여야 한다.
- 식품첨가물의 운반 및 포장과정에서 용기·포장이 파손되지 않도록 주의하여야 하며 가능한 한 심한 충격을 주지 않도록 하여야 한다.
- 따로 규정이 없는 한 직사광선을 피한 실온에서 보관·유통하여 식품첨가물을 넣은 용기·포장의 물리적인 변형이나 녹 등이 발생되지 않도록 하여야 한다.
- 효소제는 개별 성분규격에서 별도로 보존기준을 정하고 있더라도, 제조자가 제품의 특성을 고려하여 효소 활성이 저하되지 않는 보존 및 유통 조건을 제품에 표시한 경우, 해당 조건에 따라 보존 및 유통할 수 있다.

4. 식품첨가물

■ 품목별 성분규격

사카린나트륨

Sodium Saccharin

용성 사카린

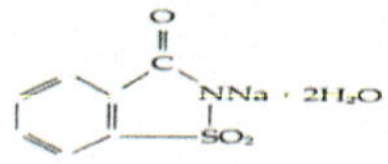

$C_7H_4O_3NSNa \cdot 2H_2O$ 분자량 241.21

함 량

성 상

확인시험

순도시험

건조감량

정 량 법

4. 식품첨가물

■ 품목별 사용기준

● 사카린나트륨

- 사카린나트륨은 아래의 식품에 한하여 사용하여야 한다. 사카린나트륨의 사용량은
  1. 젓갈류, 절임류, 조림류 : 1.0g/kg 이하 2. 김치류 : 0.2g/kg 이하
  3. 음료류(발효음료류, 인삼·홍삼음료, 다류 제외) : 0.2g/kg 이하 (다만, 5배 이상 희석하여 사용하는 것은 1.0g/kg 이하)
  4. 어육가공품 : 0.1g/kg 이하
  5. 시리얼류 : 0.1g/kg 이하
  6. 뻥튀기 : 0.5g/kg 이하
  7. 특수의료용도등식품 : 0.2g/kg 이하
  8. 체중조절용조제식품 : 0.3g/kg 이하
  9. 건강기능식품 : 1.2g/kg 이하
  10. 추잉껌 : 1.2g/kg 이하
  11. 잼류 : 0.2g/kg 이하
  12. 장류 : 0.2g/kg 이하
  13. 소스 : 0.16g/kg 이하
  14. 토마토케첩 : 0.16g/kg 이하
  15. 탁주 : 0.08g/kg 이하
  16. 소주 : 0.08g/kg 이하
  17. 과실주 : 0.08g/kg 이하
  18. 기타 코코아가공품, 초콜릿류 : 0.5g/kg 이하
  19. 빵류 : 0.17g/kg 이하
  20. 과자 : 0.1g/kg 이하
  21. 캔디류 : 0.5g/kg 이하
  22. 빙과 : 0.1g/kg 이하
  23. 아이스크림류 : 0.1g/kg 이하
  24. 조미건어포 : 0.1g/kg 이하
  25. 떡류 : 0.2g/kg 이하
  26. 복합조미식품 : 1.5g/kg 이하
  27. 마요네즈 : 0.16g/kg 이하
  28. 과·채가공품 : 0.2g/kg 이하
  29. 옥수수(삶거나 찐 것) : 0.2g/kg 이하
  30. 당류가공품, 유함유가공품 : 0.3g/kg 이하

5. 기구 등의 살균소독제

■ 제조기준

- 제조성분 일반
  . 제조에 사용하는 성분 : 과산화수소 등 72개 성분
  . 유해미생물에 대해 살균·소독 작용을 하는 유효성분 함유
- 품목별 기준 및 규격에 적합

■ 일반사용기준

- 기구 및 용기·포장의 살균·소독 목적으로 개별품목에서 정해진 사용기준에 적합하게 사용
- 사용한 살균소독제 용액 : 식품과 접촉 전에 자연건조, 열풍건조 등 방법으로 제거
- 기구 등의 표면을 침지하거나 표면에 직접 뿌리는 방법으로 사용, 공간 등에 분무 금지
- 세척제나 다른 살균·소독제 등과 혼합하여 사용 금지
- 그 자체로 직접 섭취하거나 흡입하는 목적으로 사용 금지

■ 보존 및 유통기준

- 보관 및 판매 장소 ; 청결하고 통풍이 잘 되는 곳에 위치
- 변질되지 않도록 직사광선 및 열을 피한 서늘하고 건조한 곳에서 밀봉 보관
- 식품, 식품첨가물 등을 오염시키지 않도록 분리 보관
- 화공약품, 농약, 독극물 등 다른 제품과 함께 보관 금지
- 운반 및 포장과정에서 용기·포장 파손 금지, 가능한 한 심한 충격을 주지 않도록 주의
- 보관과정 중 부주의로 인하여 변질 또는 파손된 제품은 판매 금지

5. 기구 등의 살균소독제

■ 품목별 성분규격 및 사용기준

에탄올 제제

Ethanol Preparation

- 정 의
- 성 상
- 확인시험
- 살균소독력시험
- 사용기준

  아래의 식품용 기구 등의 살균·소독 목적 이외에 사용하여서는 아니 된다.
  1. 식품조리·판매용 기구 등
  2. 유가공용 기구 등
  3. 식품 등의 제조·가공·소분용 기구 등

메모

메모

Ⅳ-3. 기구 및 용기·포장의 기준 및 규격

1. 식품용 기구 및 용기·포장 공전 구성

Ⅰ. 총 칙

Ⅱ. 공통기준 및 규격

1. 공통제조기준
2. 공통규격
3. 용도별 규격
4. 기구 및 용기·포장의 기준 및 규격 적용
5. 기준 및 규격의 적부판정
6. 검체의 채취 및 취급방법
7. 보존 및 유통기준

Ⅲ. 재질별 규격

1. 합성수지제
2. 가공셀룰로스제
3. 고무제
4. 종이제
5. 금속제
6. 목재류
7. 유리제, 도자기제, 법랑 및 옹기류
8. 전분제

Ⅳ. 기구 및 용기·포장의 시험법

2. 공통 기준 및 규격

■ 공통규격

- **기구 및 용기·포장** : 물리적 또는 화학적으로 내용물을 쉽게 오염시키는 것이어서는 아니됨.
- 기구 및 용기·포장에서 용출되어 식품으로 이행될 수 있는 **프탈레이트, 비스페놀 A 등 물질의 이행량** : 필요시 이 기준 및 규격에서 정하고 있는 재질별 용출규격을 적용 가능. 다만, 개별 용출규격이 설정되어 있지 않은 물질인 경우에는 Ⅱ. 5. 다. 규정에 따를 수 있으며, 해당 물질의 최대 이행량은 30 mg/L 이하
- **식품의 용기·포장을 회수하여 재사용** : 「먹는물관리법」의 수질기준에 적합한 물, 「위생용품 관리법」에 따른 세척제 등으로 깨끗이 세척하여 일체의 불순물 등이 잔류하지 아니하였음을 확인한 후 사용

■ 보존 및 유통기준

- **기구 및 용기·포장** : 위생적으로 취급 판매, 그 보관 및 판매장소가 불결한 곳에 위치 금지
- 기구 및 용기·포장의 **취급장소** : 비·눈 등으로부터 보호 가능, 인체에 유해한 화공약품, 농약, 독극물 등과 같은 것을 함께 보관 금지
- **제품** : 서늘한 곳에서 보관·유통하여 물리적인 변형이나 녹 등이 발생되지 않도록

3. 재질별 용출규격

■ 폴리에틸렌 (polyethylene : PE)

항 목	규 격 (mg/L)
납	1 이하
과망간산칼륨소비량	10 이하
총용출량	30 이하 (다만, 사용온도가 100℃ 이하로 침출용액이 n-헵탄인 경우 150 이하)
1-헥센	3 이하
1-옥텐	15 이하

■ 금속제 (polyethylene : PE)

항 목	규 격 (mg/L)
납	0.4 이하
카드뮴	0.1 이하
니켈	0.1 이하
6가크롬	0.1 이하
비소(As_2O_3로서)	0.2 이하

메모

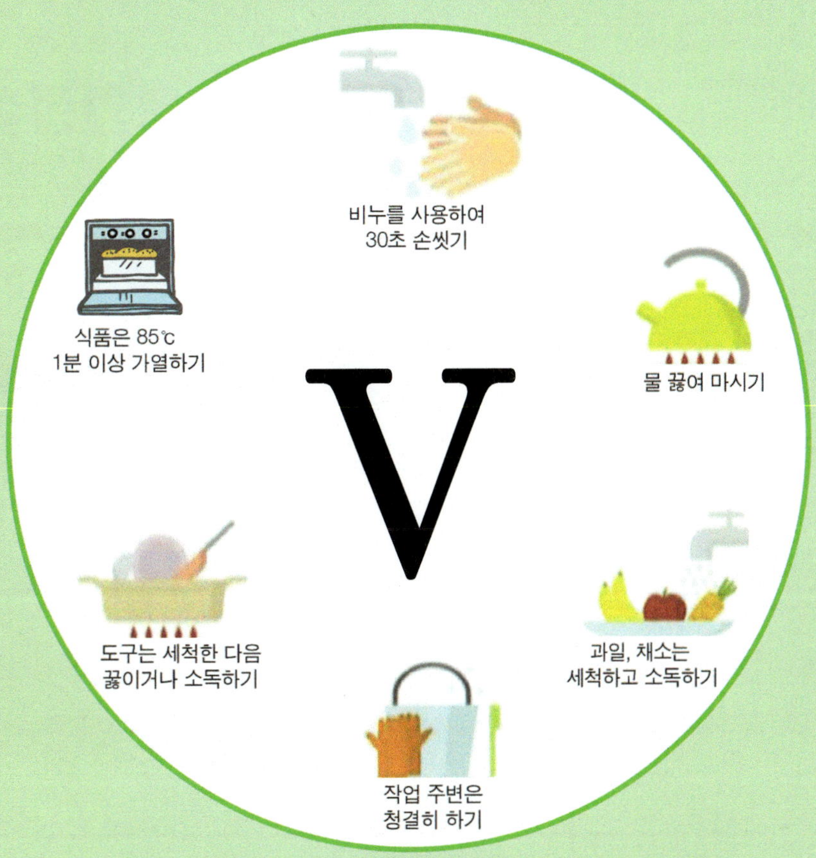
비누를 사용하여
30초 손씻기
물 끓여 마시기
과일, 채소는
세척하고 소독하기
작업 주변은
청결히 하기
도구는 세척한 다음
끓이거나 소독하기
식품은 85℃
1분 이상 가열하기
V

식품위생안전실험

메모

V. 식품위생안전실험

V-1. 실험실 입실절차 및 주의사항

1. 실험 시 주의사항

■ 일상적인 정리정돈 상태 유지

- 통로 : 청결 유지, 통로 확보
- 개인 사물 : 실험대 위 또는 바닥 등 방치 불가
- 실험대, 개수대 : 정리정돈, 청결유지
- 유해 화학물질, 유리기구 등 : 실험대 가장자리에 놓지 않아야 함 (끝에서 최소 5cm 안쪽)
- 서랍 등은 닫혀 있어야 하고 장비, 도구 등 제자리에 항상 정리정돈

■ 실험자 주의사항

- 실험복장 단정히 착용
  . 짧은 옷, 치마, 긴 머리, 헐렁한 복장 : 부적합
  . 장신구 등 착용 금지
- 실험 도중 장소 이탈 금지, 필요 이상의 행동 자제
- 실험팀원 : 실험을 위해 서로 협력
- 실험조작 : 성실히, 주의 깊게 정확히 실시
- 실험에 관한 모든 사항 : 사실대로 기록

*출처 : 김덕웅 외(2020), 식품분석 및 위생실험

1. 실험 시 주의사항

■ **개인보호구 착용**

- 앞치마, 보호장갑, 보안경, 얼굴가리개, 안전화

* MSDS 참고하여 선정

■ **물질안전보건자료(MSDS ; Material Safety Data Sheets) 게시**

- 취급하고 있는 유해화학물질 등

■ **화학물질 관리 및 폐액 처리**

- 화학물질 수령 즉시 날짜 기입, 용기 등에 정확한 라벨 표기
- 폐기물 : 폐기물처리법에 따라 처리

■ **실험장비·기구 관리**

- 청결 유지
- 정기적으로 점검 및 기록 관리
- 기구 세척방법

세제 세척 (브러쉬 등 이용) → 헹굼 1 (수돗물) → 헹굼 2 (증류수) → 건 조

* 피펫, 뷰렛, 메스플라스크 등 : 세척용액(Cleaning solution)에 1일 이상 침지

1. 실험 시 주의사항

■ **안전사고 대처**

- 화재(인화물질) : 사용법에 따라 주의
- 강산, 강알칼리 : 물로 씻고 중탄산나트륨을 뿌리고 물로 세척
- 화상 : 응급처치(찬물에 냉각, 깨끗한 거즈로 감쌈) 후 상황에 따라 병원 치료
- 상처 (유리 등) : 깨지기 쉬운 기구는 실험대 중앙에 놓고 사용, 상처 정도에 따라 자체 소독 또는 병원 치료

■ **실험 종료 후**

- 청소 후 실험 종료
- 정리정돈
- 쓰레기 폐기
- 가스, 전기, 수도꼭지, 창문 등 확인

메모

메모

V-2. 실험 기초지식

1. 실험 목적 및 종류

■ 실험 목적

- 식품에 의한 위해 발생 시 원인물질 규명 및 오염경로 추적
- 식품에 의한 위해 방지 및 식품의 안전성 확보
- 식품위생에 관한 지도와 위생실태를 파악하여 식품위생 대책 수립

■ 실험 대상

식 품	종업원 (실습자)	기구 및 용기·포장	작업 환경

■ 실험 종류

관능검사	• 외관, 색깔, 냄새, 맛, 이물 등
생물학적 검사	• 병원성 미생물(살모넬라균, 황색포도상구균 등) • 일반세균수, 대장균(군), 기생충 등
화학적 검사	• 식품성분(수분, 회분, 산도, 산가, 휘발성 염기질소, 조지방, 당류, 비타민, 무기질 등)
물리적 검사	• 온도, 시간, 비중, pH, 농도 등
독성 검사	• 급성독성, 만성독성 등

1. 실험 목적 및 종류

■ 정성분석

- 검체 중에 성분이 있는지 없는지 '유무'만을 알아보는 방법
- 있다, 없다 / 양성, 음성

■ 정량분석

- 검체 중에 성분이 얼마나 있는지 그 양을 알아보는 방법
- 중량분석, 용량분석

2. 실험 순서

■ 실험 전 계획 수립

■ 일반실험법

기구 준비 ➡ 배지 제조 ➡ 검체 채취 및 전처리 ➡ 접 종 ➡ 배 양 ➡ 결과 확인(판독) ➡ 보고서 작성

* 출처 : 3M 책자

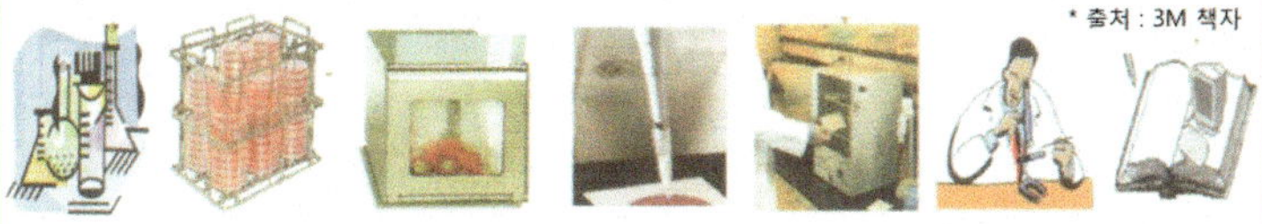

■ 간이실험법 : 간이검사 kit(Rodac plate, Hand plate), 건조필름(Petrifilm) 이용

기구 준비 ➡ - ➡ 검체 채취 및 전처리 ➡ 접 종 ➡ 배 양 ➡ 결과 확인(판독) ➡ 보고서 작성

3. 실험장비 및 기구

■ 손 세척·소독설비 및 초자기구

손 세척설비	손 소독기	메스실린더 / 플라스크	피펫 / 피펫에이드

마이크로피펫 / 팁	비커	삼각플라스크	시험관 / 실리스토퍼

3. 실험장비 및 기구

■ 초자기구

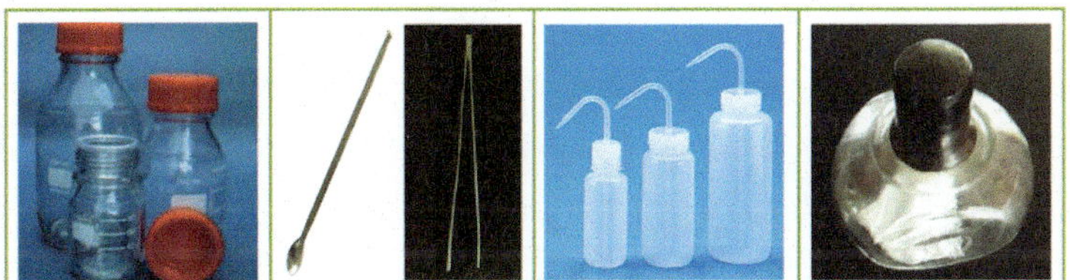

검체병	시약스푼 / 핀셋	세척병	알코올램프

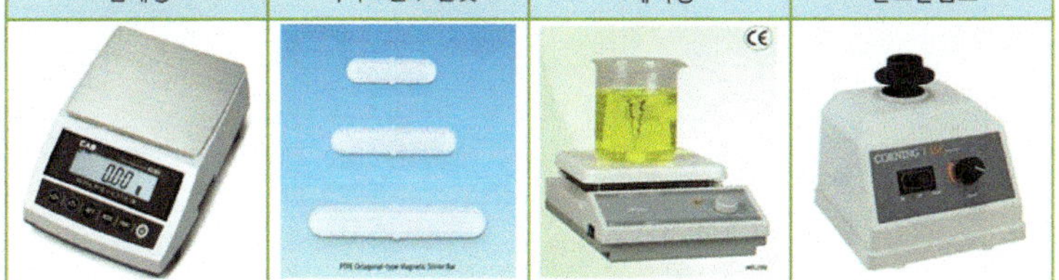

화학 저울	마그네틱 바	마그네틱 교반기	Vortex mixer

메모

메모

3. 실험장비 및 기구

■ 미생물 실험장비 및 기구

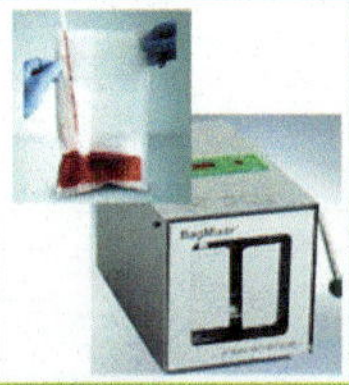			
스토마커(Stomaker)	고압멸균기(Autoclave)	클린벤치(Clean bench)	Plate / Petrifilm
			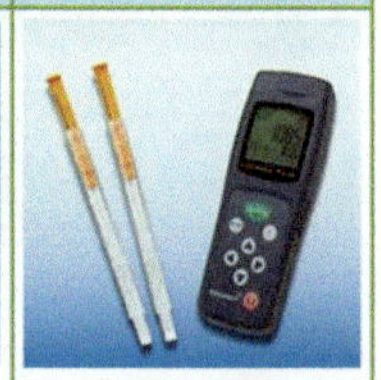
Hand / Rodac plate	배양기(Incubator)	Colony counter	ATP 측정키트 / 장비

3. 실험장비 및 기구

■ 일반성분 측정 장비 및 도구

칭량 접시 / 병	회화도가니	도가니집게	데시케이터
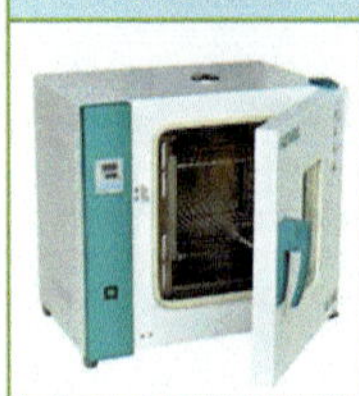	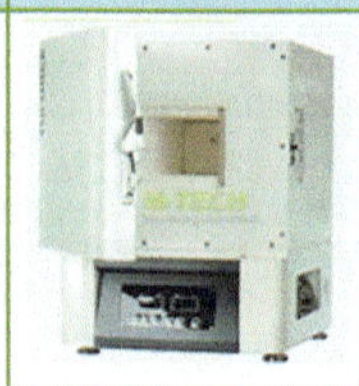	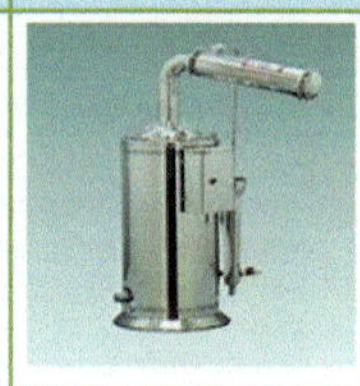	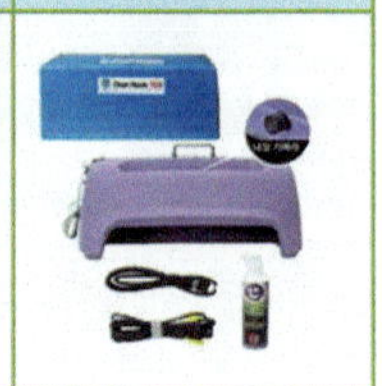
건조기(Dry oven)	전기회화로	증류수 제조기	뷰박스 / 형광로션

V-3. 중량 · 용량 정량실험

1. 중량 정량방법

1. 실험목적
- 정확한 중량 계량

2. 실험재료 및 도구
1) 실험재료
- 설탕 20g

2) 실험도구
- 계량용 저울(1~2g 단위), 유산지, 시약스푼, (검증용) 전자저울(천칭)

3. 실험방법
① 계량용 저울의 전원을 켜고 영점을 맞춘다.
② 비커(50ml)를 올려놓고 용기영점을 맞춘다.
③ 재료(설탕) 20g을 계량한다.
④ ③의 검체 중량을 전자저울로 계량한다.
⑤ 그 결과를 양식에 기록한 다음, 오차와 오차율을 구하고 비교평가한다.

4. 실험결과

구 분	1조	2조	3조	4조	5조	6조	7조	8조	평 균
목표 중량	20	20	20	20	20	20	20	20	20
측정 중량									
오 차									
오차율									

2. 용량 정량방법

1. 실험목적
- 정확한 용량(부피) 계량

2. 실험재료 및 도구
1) 실험재료
- 물

2) 실험도구
- 계량컵, 삼각플라스크(250ml), 비커(100ml), 메스실린더(100ml), 피펫(10ml), 피펫에이드, 마이크로피펫(1000p), 팁랙, (검증용) 메스플라스크(500ml, 100ml, 25ml)

3. 실험방법
■ 계량컵, 삼각플라스크, 비커, 메스실린더
① 각 도구를 이용하여 재료(물)을 100ml씩 5회 측정하여 비커(500ml)에 넣는다.
② 비커의 물을 메스플라스크(500ml)에 옮긴 다음, 모자라면 물을 추가하고 남으면 물을 빼내어 측정한 용량을 확인한다.
③ 그 결과를 양식에 기록한 다음, 오차와 오차율을 구하고 비교평가한다.

■ 피 펫
① 피펫을 이용하여 재료(물)을 10ml씩 10회 측정하여 비커(100ml)에 넣는다.
② 비커의 물을 메스플라스크(100ml)에 옮긴 다음, 모자라면 물을 추가하고 남으면 물을 빼내어 측정한 용량을 확인한다.
③ 그 결과를 양식에 기록한 다음, 오차와 오차율을 구하고 비교평가한다.

메모

메모

2. 용량 정량방법

3. 실험방법

■ 마이크로피펫

① 마이크로피펫을 이용하여 재료(물)을 1ml씩 25번 측정하여 비커(50ml)에 넣는다.

② 비커의 물을 메스플라스크(25ml)에 옮긴 다음, 모자라면 물을 추가하고 남으면 물을 빼내어 측정한 용량을 확인한다.

③ 그 결과를 양식에 기록한 다음, 오차와 오차율을 구하고 비교평가한다.

4. 실험결과

구 분	용 량	1조	2조	3조	4조	5조	6조	7조	8조	평 균
계량컵, 삼각플라스크, 비커	목표 용량	500	500	500	500	500	500	500	500	500
	측정 용량									
	오 차									
	오차율									
피 펫	목표 용량	100	100	100	100	100	100	100	100	100
	측정 용량									
	오 차									
	오차율									
마이크로 피펫	목표 용량	25	25	25	25	25	25	25	25	25
	측정 용량									
	오 차									
	오차율									

2. 용량 정량방법

■ 부피 눈금 읽는 방법 (표선을 읽는 눈 위치)

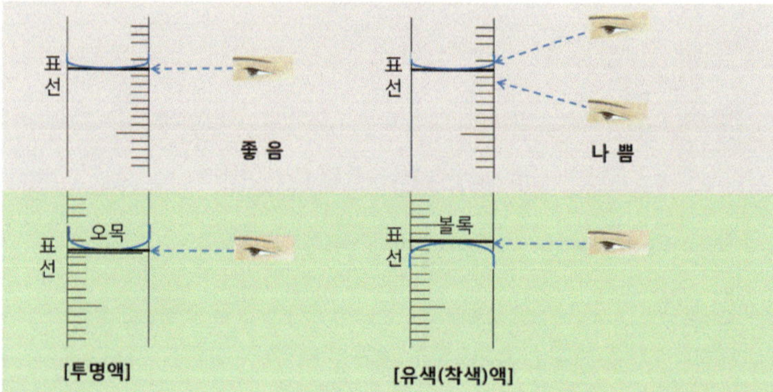

* The **meniscus** (plural: menisci, from the Greek for "crescent") is the curve in the upper surface of a liquid close to the surface of the container or another object, caused by surface tension (표면장력에 의해 오목한 또는 볼록한 모양이 되는 일)

2. 용량 정량방법

■ 마이크로피펫 사용법

● 피펫 용량

구 분	용량범위	용량범위
P2	02~20 μℓ	0.002mℓ
P10	05~10 μℓ	0.01mℓ
P20	20~20 μℓ	0.02mℓ
P100	20~100 μℓ	0.1mℓ
P200	30~200 μℓ	0.2mℓ
P1000	200~1,000 μℓ	1mℓ
P5000	1,000~5,000 μℓ	5mℓ
P10000	1,000~10,000 μℓ	10mℓ

P10	P20	P100	P100	P1000	P1000
1	1	0	1	0	1
0	8	8	0	8	0
0	0	0	0	0	0
0.01 ml	0.018 ml	0.08 ml	0.1 ml	0.8 ml	1 ml

2. 용량 정량방법

■ 마이크로피펫 사용법

● 피펫 사용순서

순 서	내 용
준 비 (Preparation)	Pipette을 수직으로 잡고 첫 번째 정지지점까지 button을 천천히 누른다.
흡 입 (Aspiration)	Tip을 액체에 담그고 원래의 위치까지 천천히 button을 놓아준다. 1초 정도 기다린다.
분 배 (Distribution)	Tip을 분배할 용기의 안쪽 벽면에 10~40° 정도 기울여서 button을 최초 정지지점까지 눌러서 액체를 분배한다.
	1초 정도 기다린 후 button을 두 번째 정지지점까지 눌러서 tip에 남아 있는 한 방울까지 밀어낸다. Tip은 용기 벽면을 올리면서 벽면에서 떼어낸다.

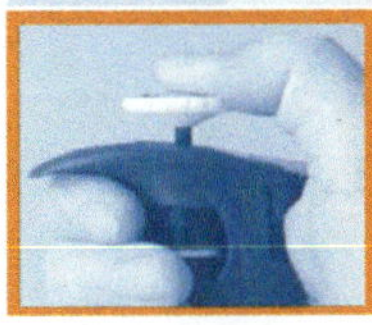
[첫 번째 정지지점]

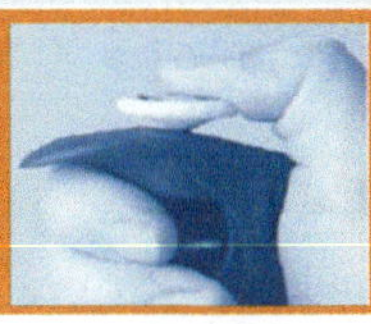
[두 번째 정지지점]

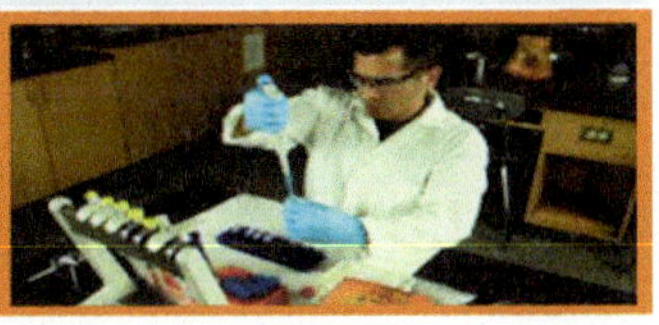
[분 배]

2. 용량 정량방법

■ 마이크로피펫 사용법

● 피펫 사용순서

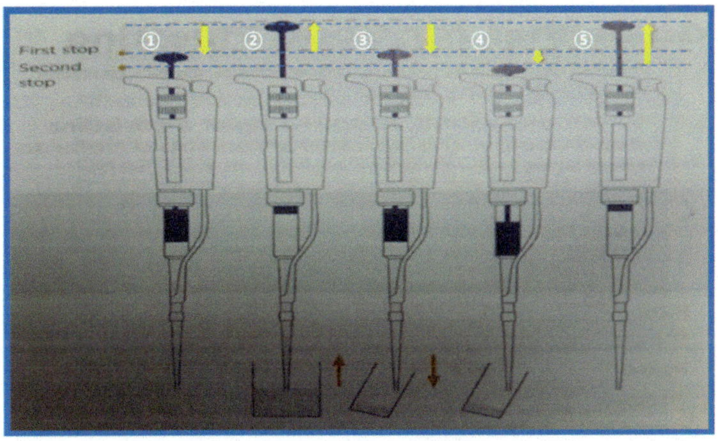

2. 용량 정량방법

■ 마이크로피펫 사용법

● 피펫 사용 시 주의사항

1	Tip을 장착 후 사용한다.
2	피펫의 용량을 지켜서 사용한다.
3	Tip 장착 시 충격을 주지 않도록 한다. Tip과 피펫이 일직선이 되도록 장착하여 사용한다.
4	첫 번째 정지지점과 두 번째 정지지점을 잘 지켜서 사용한다.
5	Plunger button을 천천히 놓는다.
6	Tip 끝을 용액에 충분히 잠기도록 하고 취하고자 하는 용량만큼 tip 안에 유입될 때까지 충분한 시간을 주도록 한다.
7	용액이 담긴 상태로 피펫을 눕히거나 거꾸로 뒤집지 않는다.
8	내부장치에 손상을 줄 수 있는 용액은 사용하지 않는다. (강산 등)

메모

메모

2. 용량 정량방법

■ 용량에 따른 공차 및 오차율

● **공차(오차)** : 허용되는 범위의 오차

● **오차율** : 참값에 대한 오차의 비율
= (오차/참값) x 100

피 펫			메스플라스크			뷰 렛			메스실린더	
용량 (㎖)	공차 (㎖)	오차율 (%)	용량 (㎖)	공차 (㎖)	오차율 (%)	용량 (㎖)	공차 (㎖)	오차율 (%)	공차 (㎖)	오차율 (%)
50	0.05	0.1	1,000	0.3	0.03	100	0.08	0.08	100㎖에 대하여 1㎖ 이하	1
25	0.025	0.1	500	0.15	0.03	50	0.04	0.08		
20	0.025	0.125	250	0.11	0.044	25	0.03	0.12		
10	0.02	0.2	100	0.08	0.08	10	0.02	0.2		
5	0.01	0.2	50	0.05	0.1	2	0.008	0.4		
2	0.006	0.3	25	0.03	0.12					
1	0.005	0.5								

2. 용량 정량방법

■ 실험결과 산출 - 유효숫자 (Significant figure)

- 어떠한 측정에서 기록된 숫자의 총 개수
- 신뢰할 수 있는 숫자를 자릿수로 나타낸 것을 말함

* 유효숫자의 규칙

- 0이 아닌 숫자 사이에 있는 0 : 항상 유효숫자임.
  예) 4.803 cm : 4,8,0,3 => 4개가 유효숫자
- 처음 0이 아닌 숫자가 등장하기 전의 0 : 유효숫자가 아님.
  예) 0.00661 g : 6,6,1 => 3개 유효숫자
- 0이 아닌 숫자들의 끝에 등장하면서, 소수점 뒤에 있는 0 : 항상 유효숫자임.
  예) 55.220 k => 5,5,2,2,0의 5개가 유효숫자 (반올림의 결과)
- 0이 아닌 숫자들의 끝에 등장하면서, 소수점보다 앞에 있는 0 : 유효숫자일수도 있고 아닐 수도 있음.
  예) 34.200 m => 유효숫자의 개수가 3개이거나 4개이거나 5개임.
  * 뒤 0 2개가 반올림의 결과인지 그냥 자릿수를 채우기 위한 숫자인지에 따라 다름.

V-4. 손 및 제과·제빵도구 위생실험

1. 면봉검사(Swab)법

1. 실험목적

- 손 및 제과·제빵도구의 세균수를 직접 검사하여 위생상태 확인

2 실험재료 및 도구

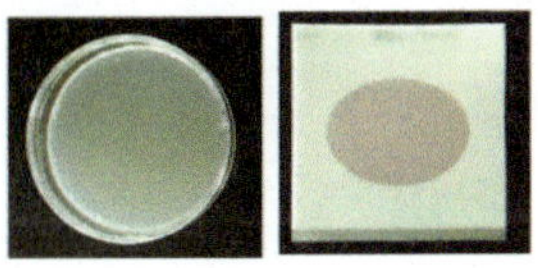

1) 검 체

- 손, 제과·제빵도구

2) 실험항목

- 일반세균수, 대장균(군), 황색포도상구균, (살모넬라균, 진균수)

3) 미생물배지

- 고전적 방법 : Plate count agar(일반세균수), desoxycholate agar(대장균군)
- 간이검사방법 : Petrifilm(일반세균수, 대장균(군), 황색포도상구균)

4) 실험도구

- 면봉, 희석액(10ml), 일회용 plate, 마이크로피펫, 피펫 tip, Votex mixer, 알코올램프, 누름판, 배양기, 콜로니 카운터 / 네임펜, 세제, 소독제, 건조타월

* 면봉, 희석액, 배지, 피펫 tip : 미리 고압멸균기로 멸균(121.5℃, 15분)하여 준비한다.

1. 면봉검사(Swab)법

3. 실험방법

① 알코올램프를 켜고, 멸균한 면봉을 꺼낸다.

② 멸균 희석액이 담긴 시험관의 입구를 알코올램프로 화염소독하고, 멸균 면봉을 멸균 희석액에 담궈 적신다.

③ 희석액에 적신 면봉으로 검체(손, 제빵도구)의 일정표면(10x10 cm^2)을 골고루 swab한다.

④ Swab한 면봉을 희석액이 들어 있는 시험관에 잘라 넣고 진탕하여 섞어준다. **(시험원액*)**

⑤ 마이크로피펫으로 시험원액 1ml를 무균적으로 취해 각 Petrifilm(또는 Plate)에 접종한다.

⑥ Plate에 멸균 배지(45~50℃) 12~15ml를 넣고 살살 흔들어 섞어주고 배지를 굳힌다.

⑦ Petrifilm(또는 Plate)을 배양기에 넣고 배양(일반세균수 : 35±1℃, 48±2시간, 대장균(군) : 35±1℃, 24±2시간, 황색포도상구균 : 35℃, 24시간, 진균수 : 25℃, 5~7일))한다.

⑧ Petrifilm(또는 Plate)에 형성된 집락수(Colony)를 계측하여 기록한다.

- Petrifilm : 일반세균(붉은 색), 대장균군(적색, 기포)
- 고전적 방법 : 일반세균(모든 집락), 대장균군(적색 또는 금속광택성 집락)

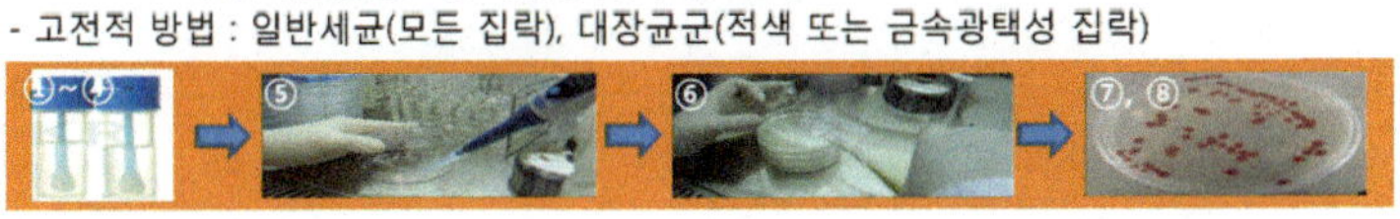

4. 판정기준

- 법적 기준 없음

메모

메모

1. 면봉검사(Swab)법

*** 시험원액 조제순서**

알코올램프를 켠다.

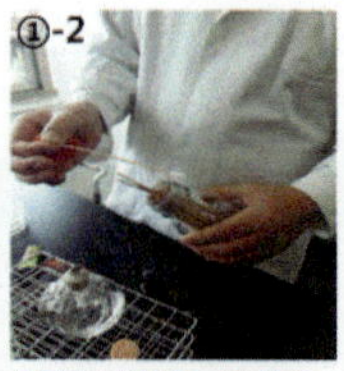

멸균한 면봉을 꺼낸다.

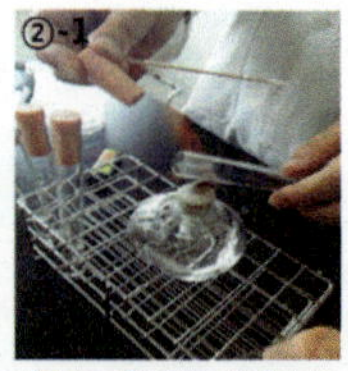

시험관 입구를 화염소독한다.

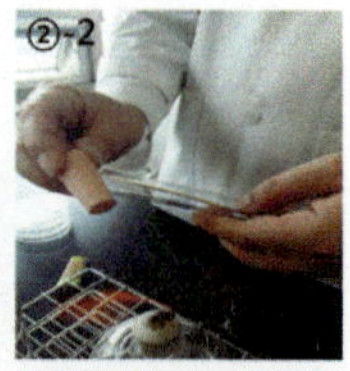

멸균한 면봉을 희석액에 적신다.

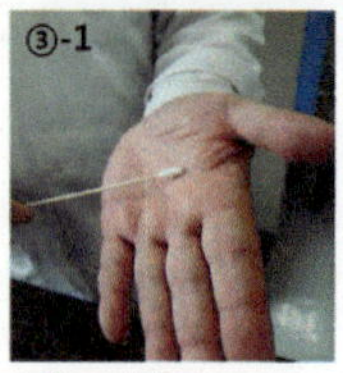

손을 swab한다.

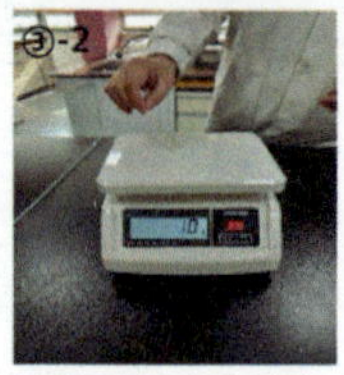

제빵도구를 swab한다.

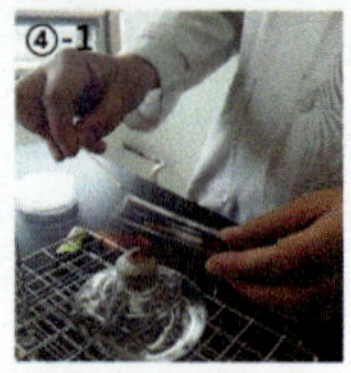

Swab한 면봉을 시험관에 잘라 넣는다.

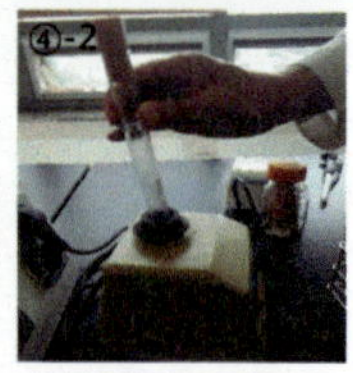

진탕하여 섞어준다.

2. 간이검사법 - Hand plate, Rodac plate

1. 실험목적

- 손 및 제과·제빵도구의 세균수를 간이적으로 직접 검사하여 위생상태 확인

2. 실험재료 및 도구

1) 검 체

- 손, 제과·제빵도구

2) 실험항목

- 일반세균수, 대장균(군), 황색포도상구균, (살모넬라균, 진균수)

3) 미생물배지

- 간이검사키트(Hand plate, Rodac plate, Easy checker)
  . 일반세균수 : TSA
  . 황색포도상구균 : MSA
  . 대장균(군) : ECC
  . 살모넬라균 : SS

4) 실험도구

- 배양기(35℃), 네임펜, 세제, 소독제, 건조타월

2. 간이검사법 - Hand plate, Rodac plate

3. 실험방법

① 간이검사키트의 뚜껑에 검체명, 검사일자, 반, 조 등을 기록한다.
② 키트 뚜껑을 열고 검체 표면(손, 또는 제빵도구)을 10초간 살짝 눌러주고 뚜껑을 닫는다.
③ 키트를 배양기에 넣고 35℃에서 48(24)시간 동안 배양한다.
④ 형성된 집락수(Colony)를 계측하여 기록한다.
⑤ 손 세척 및 소독 정도에 따른 효과를 비교 평가(세척·소독별, 조별)한다.

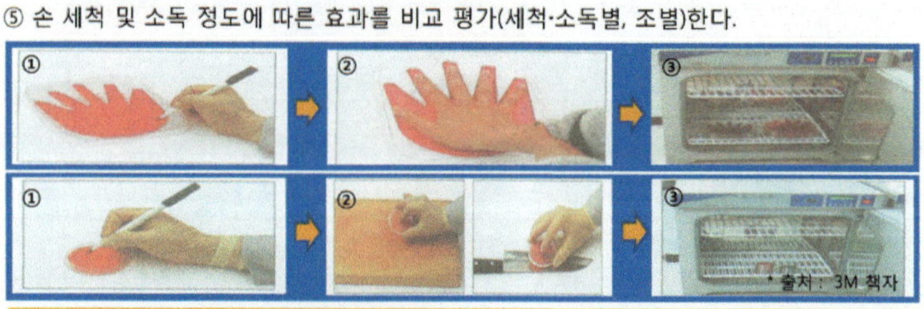

* Colony : 육안으로 볼 수 있는 1개의 세포집단
* CFU (Colony Forming Unit) : 집락 형성 단위
  - ㎠당, ml당, g당, plate당 세균 집락수
* TNTC (Too numberous to count) : 셀 수 없이 많음

2. 간이검사법 - Hand plate, Rodac plate

4. 계측 집락 및 판정 - Hand plate

1) 계 측

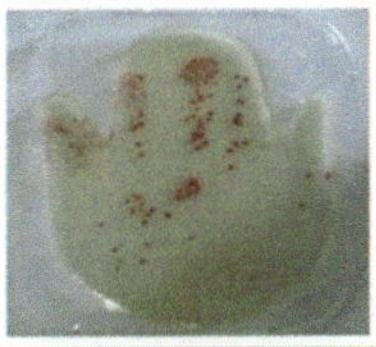	빨간색 또는 흰색 집락		• 대장균군 - 핑크색(무광택) • 대장균 - 금속광택성 청록색
일반세균		대장균(군)	
	노란색	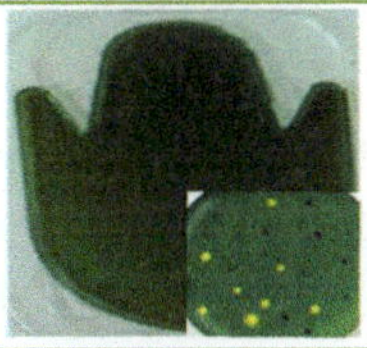	검은색
황색포도상구균		살모넬라균	

메모

2. 간이검사법 - Hand plate, Rodac plate

4. 계측 집락 및 판정 - Hand plate

2) 판 정

- 법적 기준은 없음

대장균(군)			* 출처 : 3M 책자
	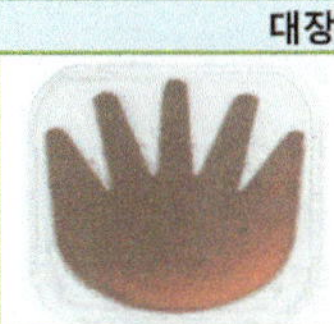	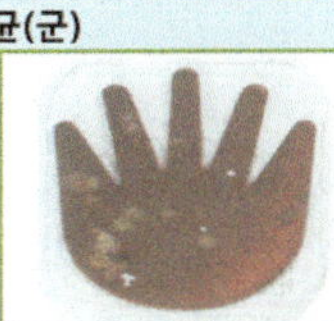	
안 전	주 의	대책 필요	긴급대책 필요

3) 세척 및 소독 효과

손씻기 전 | 물로 씻었을 때 | 비누로 씻었을 때 | 소독 후

* 출처 : 식품의약품안전처장(2009), 집단급식소 위생관리 매뉴얼

2. 간이검사법 - Hand plate, Rodac plate

4. 계측 집락 및 판정 - Rodac plate

1) 계 측

	빨간색 또는 흰색 집락	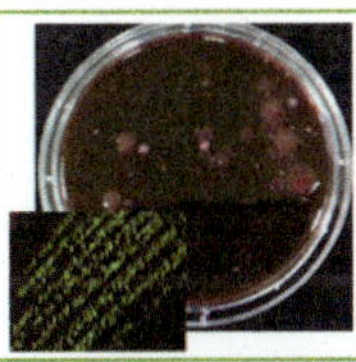	• 대장균군 - 핑크색(무광택) • 대장균 - 금속광택성 청록색
일반세균		대장균(군)	
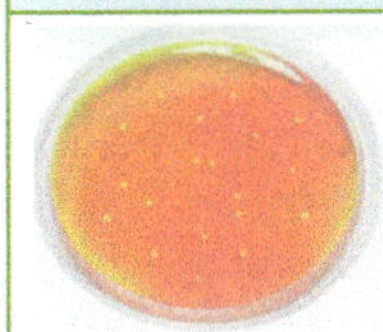	노란색	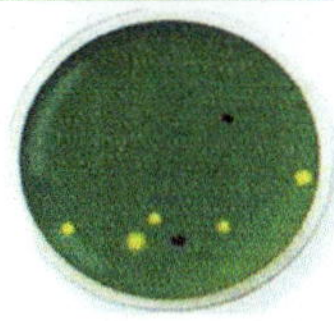	검은색
황색포도상구균		살모넬라균	

메모

2. 간이검사법 - Hand plate, Rodac plate

4. 계측 집락 및 판정 - Rodac plate

2) 판 정

- 법적 기준은 없음

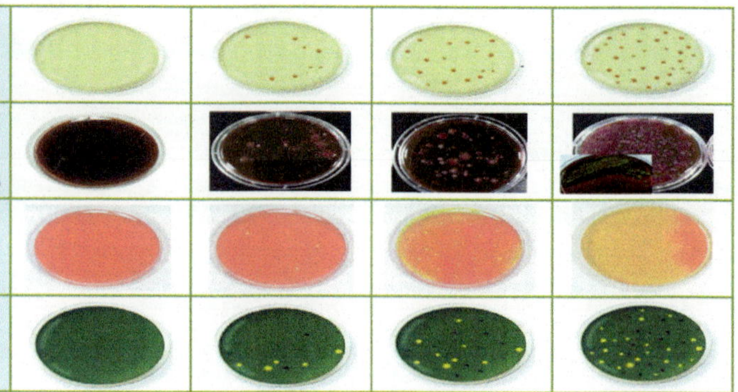

구분				
일반세균				
대장균(군)				
포도구균				
살모넬라				
판정	안 전 (0/25㎠)	안 전 (10^1/25㎠)	주의 요망 (10^2/25㎠)	대책 필요 (10^3/25㎠)

* 출처 : 3M 책자

3. ATP 측정법

■ **ATP란?**

● ATP (Adenosine triphosphate)

- 생명체의 물질대사에 포함된 에너지원

● AMP (Adenosine monophosphate)

- 발효, 가열 등 제조공정에서 ATP로부터 생성

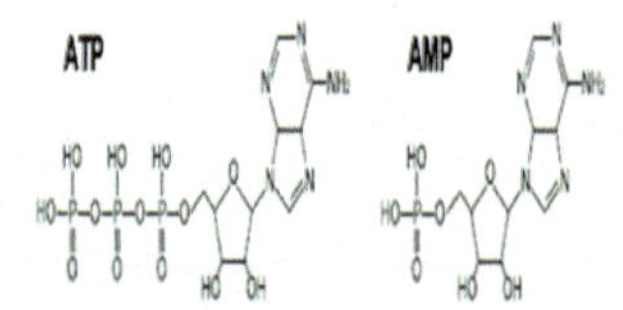

■ **ATP 측정원리**

- 세균과 식품잔류물이 갖고 있는 ATP+AMP를 측정하여 표면의 오염 정도를 실시간으로 모니터링하는 방법

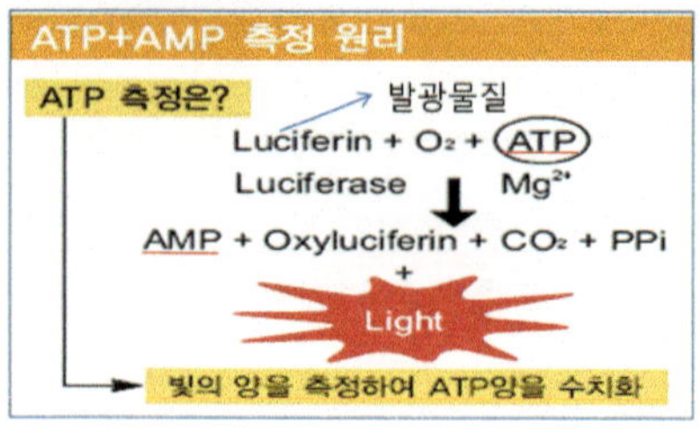

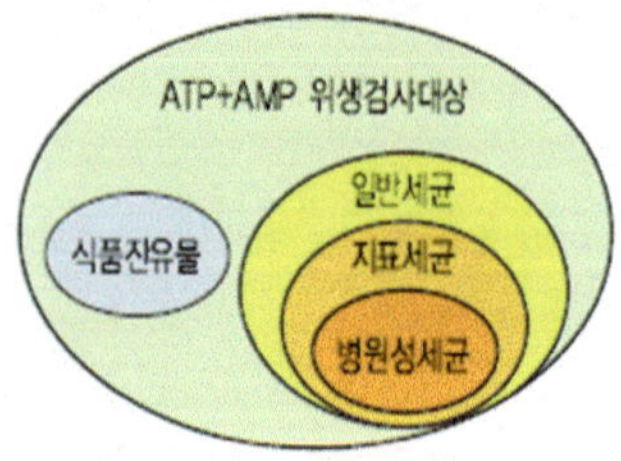

* 출처 : Kikkoman 카다로그

3. ATP 측정법

1. 실험목적

- 손 및 제과·제빵도구의 ATP량을 측정하여 위생상태를 간접적으로 확인

2. 실험재료 및 도구

1) 검 체

- 손, 제과·제빵도구

-세척 전, 물세척 후, 세제세척 후, 소독 후

2) 실험항목

- ATP량의 발광량(RLU)

3) 실험도구

- ATP측정키트, ATP측정기, 멸균증류수, 세제, 소독제, 건조타월

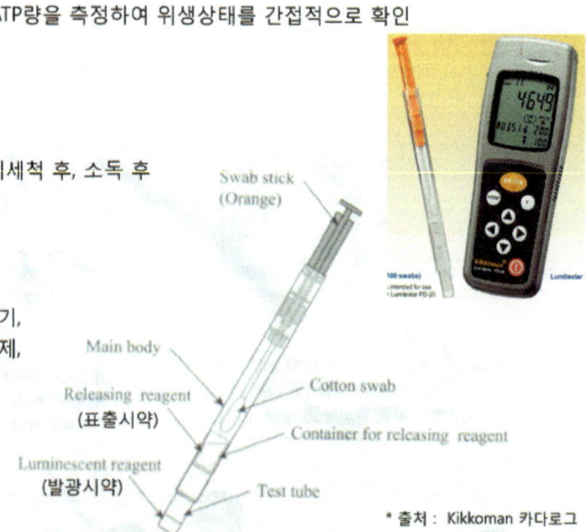

* 출처 : Kikkoman 카다로그

3. ATP 측정법

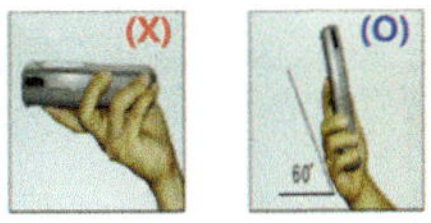

3. 실험방법

① ATP측정키트의 면봉을 멸균 증류수에 적신다.
② 검체 표면(손 또는 제과·제빵도구)을 골고루 문지른다. (10x10cm^2)
③ 면봉을 키트에 넣고, 10초간 좌우로 흔들어준다. (상하나 거꾸로 금지)
④ 키트를 ATP측정기에 넣고 10초를 기다린다. (거꾸로 절대금지)
⑤ 표시된 수치(RLU)를 읽고 기록한다.
⑥ 손 및 제과·제빵도구의 세척 및 소독 정도에 따른 효과를 비교 평가(세척·소독단계별)한다.

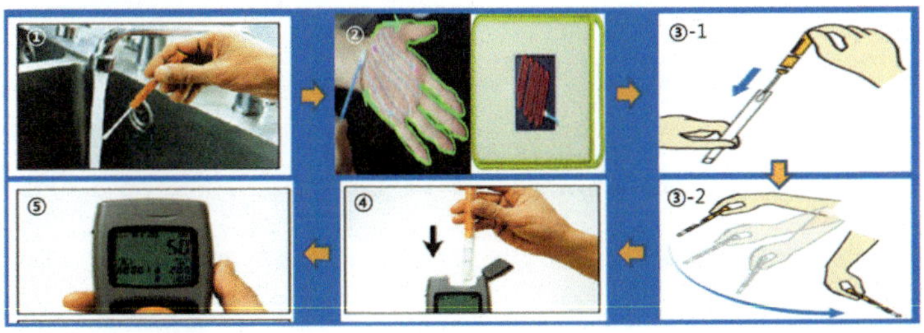

* 출처 : Kikkoman 카다로그

3. ATP 측정법

4. 판정기준

- 법적 기준 없음

검사대상	기준치(RLU)	주 의	매우 위험
손	1,500 이하	1501 ~ 2,999	3,000 이상
고무장갑	1,500 이하	1501 ~ 2,999	3,000 이상
칼	200 이하	201 ~ 399	400 이상
도 마	200 이하	201 ~ 399	400 이상
행 주	300 이하	301 ~ 599	600 이상
음용수	20 이하	20 ~ 59	60 이상
도 구 (국자, 주걱)	200 이하	201 ~ 399	400 이상
손잡이 (냉장고, 출입구 등)	1,500 이하	1,501 ~ 2,999	3,000 이상

* 출처 : Kikkoman 카다로그

4. 형광로션 이용법

1. 실험목적

- 손의 세척상태를 형광로션을 이용하여 직접 확인

2. 실험재료 및 도구

1) 검 체

- 손

2) 실험항목

- 형광로션 잔류량

3) 실험도구

- 형광로션, 세제, 뷰박스

3. 실험방법

① 손에 형광로션을 묻히고 7단계 손세척방법에 따라 골고루 바른다.
② 뷰박스에서 형광로션의 바른 상태를 확인한다.
③ 손을 적절히 세척한다. (7단계 손세척방법)
④ 뷰박스에서 형광로션의 제거 상태를 확인한다.
* 형광로션의 제거 상태가 불량하면 재세척한다.

메모

메모

4. 형광로션 이용법

4. 판정기준

- 법적 기준 없음

▪ 1차 - 형광로션을 바른 경우

1	2	3	4	5
10% 손바닥과 손등에만 다량 묻음	25%	50% 손가락 사이에 존재	75%	90% 이상 엄지손가락, 손가락 사이, 손끝 등 골고루 발라짐

▪ 2차 - 세제를 이용하여 손을 씻은 후

1	2	3	4	5
90% 이상 손바닥과 손등에 다량 묻어 있음 깨끗이 세척이 안됨	75%	50% 손가락 사이에 존재	25%	10% 이하 엄지손가락, 손가락 사이, 손끝 등 깨끗이 씻김

* 출처 : 뷰박스 사용설명서

V-5. 작업장 환경 위생실험

1. 공중낙하균 검사

1. 실험목적

- 제과·제빵 작업장의 공기오염도(Air pollution)를 직접 확인

2. 실험재료 및 도구

1) 검 체

- 작업장(실습실) 공기

2) 실험항목

- 일반세균수, 대장균(군), 진균수

3) 실험재료

- 배 지
  . 고전적 방법 : Plate count agar(일반세균수), desoxycholate agar(대장균군), potato dextrose agar(진균수)
  . 간이검사방법 : Petrifilm(일반세균수, 대장균(군), 효모-곰팡이)
- 멸균 증류수

4) 실험도구

- 마이크로피펫, 피펫 tip, 알코올램프, 누름판, 배양기, 네임펜

* 멸균 증류수, 멸균 tip, plate(배지 포함)는 사전에 준비한다.

1. 공중낙하균 검사

3. 실험방법

1) 고전적 방법 (한천배지 이용법)

① 미리 준비한 plate 뚜껑에 검체명, 검사일자, 반, 조 등을 기록한다.

② 작업장(실습실)의 검사위치에 각 plate의 뚜껑을 열고 15분 동안 방치한 후, 뚜껑을 닫는다. (뚜껑을 엎어서 놓을 것)

③ Plate를 배양기에 넣고 배양한다. (일반세균수 : 35±1℃, 48±2시간, 대장균(군) : 35±1℃, 24±2시간, 진균수 : 25℃, 5~7일)

④ 형성된 집락수를 계측하여 기록하고 각 검사위치에서의 결과를 비교 평가한다.

2) Petrifilm법

① 미리 준비한 Petrifilm 뚜껑에 검체명, 검사일자, 반, 조 등을 기록한다.

② 마이크로피펫으로 멸균 증류수 1ml를 무균적으로 취한다.

③ Petrifilm의 상위필름을 열고 멸균 증류수를 하위필름에 넣고 상위필름을 닫은 후, 누름판으로 살짝 눌러주고 30분 정도 겔화시킨다.

④ 작업장(실습실)의 검사위치에서 겔화된 Petrifilm의 상위필름을 열고 테이프로 고정한 후, 15분 동안 방치한 다음 상위필름을 닫는다.

⑤ Petrifilm을 배양기에 넣고 배양한다. (1)-③ 참조)

⑥ 형성된 집락수를 계측하여 기록하고 각 검사위치에서의 검사결과를 비교 평가한다.

메모

메모

1. 공중낙하균 검사

4. 균수 계측

1) 한천배지 이용방법

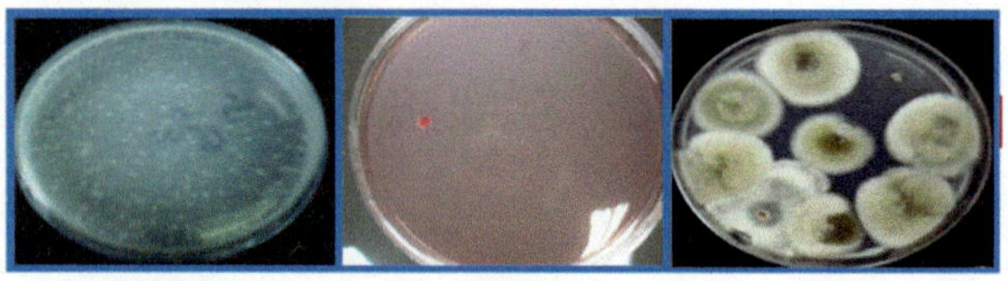

일반세균수 대장균군 진균수

2) Petrifilm법 - 일반세균수

* 출처 : 3M Petrifilm 사용설명서

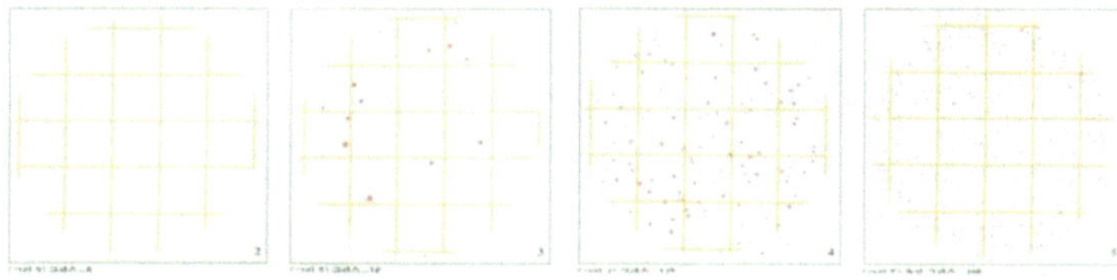

균체수 = 0 균체수 = 16 균체수 = 143 균체수 = 420

1. 공중낙하균 검사

4. 균수 계측

3) Petrifilm법 - 진균수

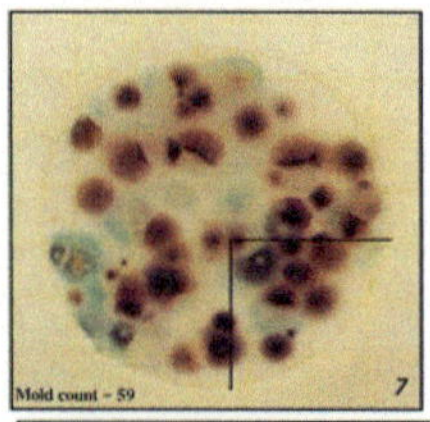

- 곰팡이 : 59
  . 다양한 색
  . 확산된 외곽형태 불분명
  . 중심에 초점 있음

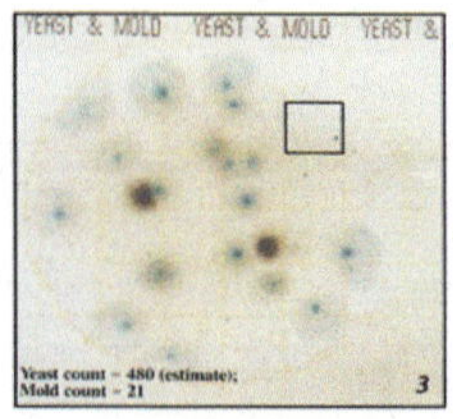

- 곰팡이 : 21
  . 크고, 초록색
  . 외곽 불분명
  . 중심 초점 있음
- 효모 : 다수(약480개)
  . 작고, 황갈색
  . 외곽 명확
  . 중심 초점 없음

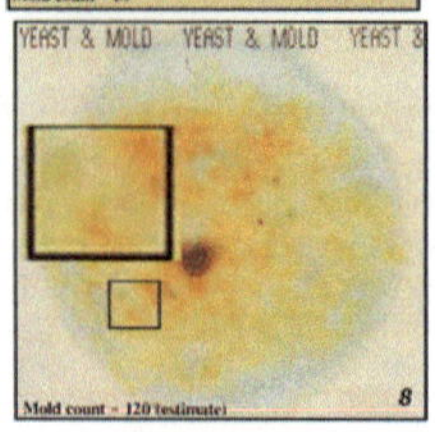

- 곰팡이 : 4
  (사각형 내)

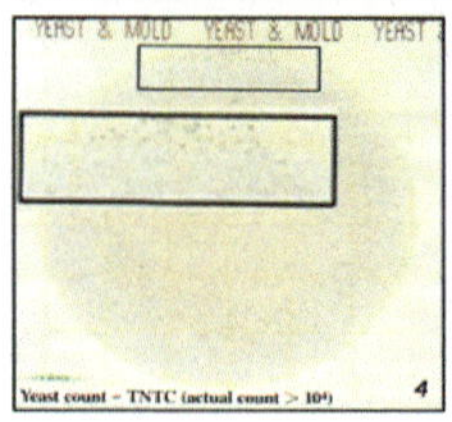

- 효모 : TNTC
  (사각형 내 작고 푸른 균체)

* 출처 : 3M Petrifilm 사용설명서

1. 공중낙하균 검사

5. 판정기준

- 법적 기준 없음

구 분	작업장	관리기준 (CFU/plate 이하)		
		일반세균수	대장균군	진균수
청결구역	냉각~포장	30	음성	10
준청결구역	반죽~굽기	50	음성	20
일반구역	보관창고, 전처리, 계량	100	음성	40

Ⅴ-6. 빵·과자제품 위생실험

1. 식품별 법적 규격

■ 식품공전

- 판매를 목적으로 하는 식품의 제조·가공·조리와 보존 방법에 관한 기준과 그 식품의 성분에 관한 규격을 정하여 고시한 것

■ 목 차

식품공전 | 농약잔류 허용기준 | 식품유형별 기준규격

1. 식품별 법적 규격

1. 과자류, 빵류 또는 떡류

- 산 가 : 2.0 이하 (유탕·유처리과자, 한과류는 3.0 이하)
- 허용 외 타르색소 : 불검출 (캔디류, 추잉껌, 빵류)
- 산화방지제(g/kg) : 다음에서 정하는 것 이외는 불검출 (추잉껌)
  . 부틸히드록시아니졸, 디부틸히드록시톨루엔, 터셔리부틸히드로퀴논 : 0.4 이하(병용할 때에는 사용량의 합계가 0.4 이하)
- 보존료(g/kg) : 다음에서 정하는 것 이외는 불검출
  . 프로피온산, 프로피온산나트륨, 프로피온산칼슘 : 2.5 이하 (빵류)
- 압착강도(Newton) : 5 이하 (컵모양, 막대형 등 젤리)
- 총산(구연산으로, w/w%) : 6.0 미만 (캔디류, 표면에 신맛 물질이 도포되어 있는 경우는 4.5 미만)
- 총 아플라톡신(μg/kg) : 15 이하 (B_1, B_2, G_1 및 G_2의 합으로서, 단, B_1은 10 μg/kg 이하)
- 푸모니신(mg/kg) : 1 이하 (B_1 및 B_2의 합, 단, 옥수수 50% 이상 함유 과자, 캔디류, 추잉껌)
- 납(mg/kg) : 0.2 이하(캔디류)

메모

메모

1. 식품별 법적 규격

■ 과자류, 빵류 또는 떡류

- 세균수 : n=5, c=2, m=10,000, M=50,000 (과자, 캔디류 밀봉제품, 발효제품, 유산균 함유 제품은 제외)
- 유산균수 : 표시량 이상 (유산균함유 과자, 캔디류)
- 황색포도상구균 : n=5, c=0, m=0/10 g (크림(우유, 달걀, 유크림, 식용유지를 주원료로 이에 식품이나 식품첨가물을 가해 혼합 또는 공기혼입 등의 가공공정을 거친 것)을 도포 또는 충전 후 가열살균하지 않고 그대로 섭취하는 빵류)
- 살모넬라 : n=5, c=0, m=0/10 (크림(우유, 달걀, 유크림, 식용유지를 주원료로 이에 식품이나 식품첨가물을 가해 혼합 또는 공기혼입 등의 가공공정을 거친 것)을 도포 또는 충전 후 가열살균하지 않고 그대로 섭취하는 빵류)
- 대장균 : n=5, c=1, m=0, M=10 (떡류)

1. 식품별 법적 규격

■ 밀가루류

구 분 / 항 목	밀가루				영양강화 밀가루
	1등급	2등급	3등급	기타	
수 분 (%)	15.5 이하				
회 분 (%)	0.6 이하	0.9 이하	1.6 이하	2.0 이하	2.0 이하
사 분 (%)	0.03 이하				
납 (mg/kg)	0.2 이하				
카드뮴 (mg/kg)	0.2 이하				

1. 식품별 법적 규격

■ 즉석섭취·편의식품류

- 소비자가 별도의 조리과정 없이 그대로 또는 단순조리과정을 거쳐 섭취할 수 있도록 제조·가공·포장한 즉석섭취식품(햄버거, (샌드위치)), 신선편의식품, 즉석조리식품

- 세균수 : n=5, c=0, m=0(멸균제품)
- 대장균군 : n=5, c=2, m=0, M=10 (즉석조리식품 중 살균제품)
- 대장균
  . n=5, c=1, m=0, M=10 (즉석섭취식품, 즉석조리식품(살균, 멸균제품은 제외), 간편조리세트)
  . n=5, c=1, m=0, M=100 (신선편의식품)
- 황색포도상구균 : n=5, c=1, m=100, M=1,000
- 살모넬라 : n=5, c=0, m=0/25 g
- 장염비브리오균 : n=5, c=1, m=100, M=1,000 (즉석섭취식품, 신선편의식품, 간편조리세트 중 살균 또는 멸균처리되지 않은 해산물 함유제품)
- 바실러스 세레우스 : 1g 당 1,000 이하 (즉석섭취식품, 신선편의식품)
- 장출혈성 대장균 : n=5, c=0, m=0/25 g (신선편의식품, 간편조리세트((가열 조리하지 않고 섭취하는 농축수산물 함유제품))
- 클로스트리디움 퍼프린젠스 : n=5, c=2, m=100, M=1,000 (즉석섭취식품, 신선편의식품)

1. 식품별 법적 규격

■ 장기보존식품(냉동식품) * **살균제품** : 중심부 온도를 63℃ 이상에서 30분 가열

1) 가열하지 않고 섭취하는 냉동식품

- 세균수 : n=5, c=2, m=100,000, M=500,000 (발효제품, 발효제품 첨가 또는 유산균 첨가제품 제외)
- 대장균군 : n=5, c=2, m=10, M=100 (살균제품)
- 대장균 : n=5, c=2, m=0, M=10 (살균제품 제외)
- 유산균수 : 표시량 이상 (유산균 첨가제품)

2) 가열하여 섭취하는 냉동식품

- 세균수 : n=5, c=2, m=1,000,000, M=5,000,000
  (살균제품 : n=5, c=2, m=100,000, M=500,000
  단, 발효제품, 발효제품 첨가 또는 유산균 첨가제품 제외)
- 대장균군 : n=5, c=2, m=10, M=100 (살균제품)
- 대장균 : n=5, c=2, m=0, M=10 (살균제품 제외)
- 유산균수 : 표시량 이상 (유산균 첨가제품)

1. 식품별 법적 규격

■ 식품접객업소 조리식품 등

- 식품접객업소 : 일반음식점, 휴게음식점, 위탁급식, 제과점, 유흥주점, 단란주점

1) 조리식품 등

- 대장균 : 10/g 이하 (단순 절단을 포함하여 직접 조리한 식품에 한함)
- 세균수 : 3,000/g 이하 (슬러쉬에 한함)
  (단, 유가공품, 유산균, 발효식품 및 비살균제품이 함유된 경우 제외)
- 살모넬라, 황색포도상구균, 리스테리아 모노사이토제네스, 장출혈성 대장균, 캠필로박터 제주니/콜리, 여시니아 엔테로콜리티카 등 : 음성
- 장염비브리오균, 클로스트리디움 퍼프린젠스 : 100/g 이하
- 바실러스 세레우스 : 10,000/g 이하
- 황색포도상구균 : 100/g 이하 (조리과정 중 가열처리를 하지 않거나 가열 후 조리한 식품 경우)

* 튀김용 유지 : 산가 3.0 이하
* 얼음 : 세균수 1,000/ml 이하, 대장균 및 살모넬라 음성/250ml

1. 식품별 법적 규격

■ 식품접객업소 조리식품 등

2) 접객용 음용수

- 대장균 : 음성/250ml
- 살모넬라 : 음성/250ml
- 여시니아 엔테로콜리티카 : 음성/250ml

3) 조리기구 등

- 행주(사용 중인 것은 제외) : 대장균 음성
- 칼·도마 및 숟가락, 젓가락, 식기, 찬기 등 음식을 먹을 때 사용하거나 담는 것(사용 중인 것은 제외) : 살모넬라 음성, 대장균 음성

메모

메모

1. 식품별 법적 규격

■ 농식품종합정보시스템

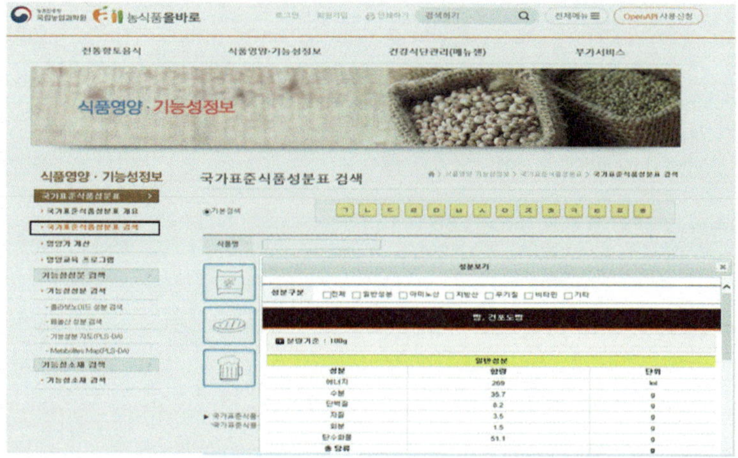

* 출처 : http://koreanfood.rda.go.kr/kfi/fct/fctFoodSrch/list

2. 검체 채취 및 운반방법

■ 검체 채취방법

- 물량, 오염 가능성, 균질 여부 등 검체의 물리·화학·생물학적 상태 고려
- 수량 : 검사목적, 항목 등을 참작하여 검사대상을 대표할 수 있는 최소 양

● 불균질한 검체

- 일반적으로 다량의 검체 채취
- 부득이 소량의 검체를 채취할 수 밖에 없는 경우
  . 외관, 보관상태 등을 종합적으로 판단, 의심스러운 것을 채취
- 가능한 한 검체 전체를 균질하게 처리한 후 대표성이 있도록 채취

● 포장된 검체

- 가능한 한 개봉하지 않고 그대로 채취
- 대형 용기·포장에 넣은 식품 : 검사대상 전체를 대표할 수 있는 일부 채취 가능

● 냉장·냉동 검체

- 냉장 또는 냉동 상태를 유지하면서 채취

2. 검체 채취 및 운반방법

■ 검체 채취방법

● 미생물 검사용 검체

- 정상적인 방법으로 보관·유통 중에 있는 제품의 검체 채취
- 가능한 미생물에 오염되지 않도록 채취
  . 단위포장상태 그대로 수거
  . 검체를 소분하여 채취 경우
    - 완전 포장된 것에서 채취 (관련정보 및 특별수거계획에 따른 경우와 식품접객업소의 조리식품 등 제외)
    - 멸균된 기구·용기 등을 사용하여 무균적으로 채취
- 검체 채취·운송·보관
  . 채취 당시의 상태를 유지할 수 있도록 밀폐 용기·포장 등 사용

● 페이스트상 또는 시럽상 식품 등

- 검체 점도가 높아 채취하기 어려운 경우 : 검사결과에 영향을 미치지 않는 범위에서 가온 등 적절한 방법으로 점도를 낮추어 채취 가능
- 검체 점도가 높고 불균질하여 일상적인 방법으로 균질하게 만들 수 없을 경우 : 검사결과에 영향을 주지 아니하는 방법으로 균질하게 처리할 수 있는 기구 등을 이용하여 처리한 후 검체 채취 가능

2. 검체 채취 및 운반방법

■ 검체 운반방법

- 채취 검체 : 오염, 파손, 손상, 해동, 변형 등이 되지 않도록 주의하여 검사실로 운반

● 장거리 또는 대중교통으로 운반

- 손상되지 않도록 특히 주의하여 포장

● 냉동검체

- 냉동상태로 운반
- 냉동장비를 이용할 수 없는 경우 : 드라이 아이스 등으로 냉동상태를 유지하여 운반 가능

● 냉장검체

- 냉장온도를 유지하면서 운반
- 얼음 등을 사용하여 냉장온도를 유지하는 경우
  . 얼음 녹은 물이 검체에 오염되지 않도록 주의
  . 드라이 아이스 사용 시 검체가 냉동되지 않도록 주의

3. 미생물실험 - Petrifilm법

1. 실험목적

- 빵·과자의 세균수를 직접 검사하여 위생상태 확인

2. 실험재료 및 도구

1) 검 체

- 각종 원료 -> 계량 -> 반죽 -> 1차 발효 -> 분할, 둥글리기 -> 중간발효 -> 성형 -> 2차 발효 -> 굽기 -> 냉각 -> 포장(완제품)

2) 실험항목

- 일반세균수, 대장균(군), 황색포도상구균, 진균수, (살모넬라균)

3) 실험도구

① **사전 준비**
- NaCl, 증류수, 비커(500ml), 저울, 유산지, 시약스푼, 메스실린더(100ml), 삼각플라스크(250ml), 시험관, 실리스토퍼, 피펫(10ml), Al 호일, 고무줄, tip & rack, 고압멸균기

② **시험원액 조제 또는 추가희석**
- 멸균 희석액(삼각플라스크, 시험관), 시약스푼, 핀셋, 저울, 마그네틱 바, 마그네틱 교반기, 알코올, 알코올램프, 면장갑, 비커(50ml, 250ml), Clean bench, (Stomacher bag)

③ **접종, 배양 및 계측**
- Petrifilm, 네임펜, 마이크로피펫(1000p), tip & rack, 누름판, 배양기, Colony counter

④ **뒤처리**
- 멸균백, 고압멸균기

3. 미생물실험 - Petrifilm법

3. 실험방법

1) 멸균 희석액 준비

① NaCl 일정량을 저울로 칭량하여 비커에 넣고, 증류수 일정량을 메스실린더로 재서 넣는다.

② NaCl을 완전히 녹여준다. (비커에 마그네틱 바를 넣고 마그네틱 교반기로 교반하여 NaCl을 완전히 녹여준다.) => **희석액(0.9% NaCl용액)**

③ **(시험원액용)** 희석액을 90ml씩 메스실린더로 재서 삼각플라스크에 넣고, Al 호일로 막은 후 고무줄로 묶는다.

④ **(희석용)** 희석액을 9ml씩 피펫으로 취해 시험관에 넣고 실리스토퍼로 막는다.

2) 멸균 tip 준비

① 1000p tip을 tip rack에 넣고 Al 호일로 감싼다.

3) 멸균 미생물배지 준비

① 미생물배지 일정량을 저울로 칭량하여 삼각플라스크에 넣고, 증류수 일정량을 메스실린더로 재서 넣는다.

② 배지를 완전히 섞어준다. (사면용 배지의 경우 중탕하여 녹인다.)

③ (**세균 배양용**) 삼각플라스크를 Al 호일로 막은 후 고무줄로 묶는다.

④ (**사면배지용**) 녹인 배지를 5ml씩 피펫으로 취해 시험관에 넣고 실리스토퍼로 막는다.

메모

메모

3. 미생물실험 - Petrifilm법

3. 실험방법

4) 멸 균

- 1) ~ 3)에서 준비한 희석액, tip 및 미생물배지를 고압멸균기에 넣고 121.5℃에서 15분간 멸균한다.

5) Plate(도말 접종용) 및 사면배지(균주 보관용) 제작

(1) Plate

① 멸균한 미생물배지(세균 배양용)를 60℃ 정도로 식힌다.
② 삼각플라스크에서 Al 호일을 제거하고 입구를 화염소독한다.
③ 일회용 Petridish에 배지를 15ml 정도씩 분주한다.
④ 분주한 plate를 굳을 때까지 충분히 식히고 거꾸로 하여 보관한다.

(2) 사면배지

① 멸균한 미생물배지(사면배지용)가 들어있는 시험관을 테이블 위에 경사지게 방치하여 배지를 굳힌다.

* 각각의 배지를 배양기(35℃)에 넣어 오염 여부를 확인한다.

6) 무균상자, 배양기, 멸균기 사용 및 화염소독방법

3. 미생물실험 - Petrifilm법

3. 실험방법

7) 시험원액 조제 또는 추가희석

① 시험대상인 검체(빵·과자제품)를 잘게 부순다. (오염 주의)
② 알코올램프에 불을 붙인다. (화상 주의)
③ 멸균 희석액이 담긴 삼각플라스크의 Al 호일을 벗기고 입구를 돌려가며 화염소독한다. (입구의 물기가 없어질 때까지)
④ 삼각플라스크를 저울에 올려놓고 0점을 맞춘다.
⑤ 시약스푼이나 핀셋에 알코올을 적시고 화염소독(3회 반복)한 다음, 검체 10g(또는 ml)을 삼각플라스크(멸균희석액 90ml)에 넣고 마개를 한 다음 완전히 섞어준다.
=> **시험원액(10배 희석)** (알코올 화재 주의, 오염 주의)
⑥ 필요시 10배 희석법으로 추가로 희석을 한다.
- ⑤의 시험원액 1ml를 무균적으로 취해 시험관(희석액 9ml)에 넣고 마개를 한 후 Vortex mixer로 섞어준다.

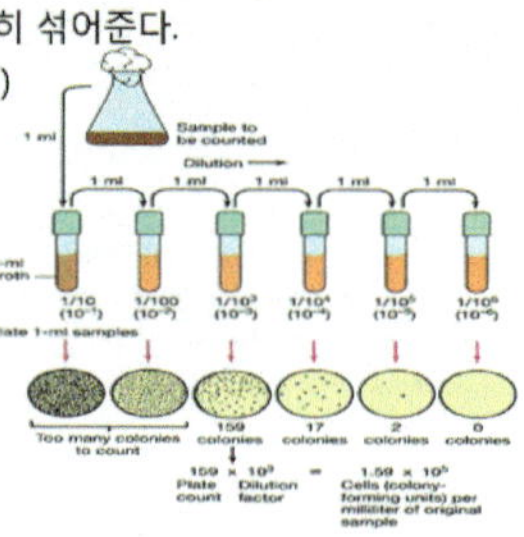

*** Stomacher 이용법**

- 전처리한 검체와 멸균희석액을 Sample bag에 무균적으로 넣고 Stomacher로 섞어준다.

3. 미생물실험 - Petrifilm법

3. 실험방법

8) 접종, 배양 및 계측·산출

① 각 Petrifilm에 검체명, 실험일자, 조 등을 기재한다.
② **(접 종)** Petrifilm의 상면필름을 열고 마이크로피펫으로 시험액 1ml를 무균적으로 취해 하면필름에 접종하고, 상면필름을 조심스럽게 닫은 후 누름판으로 살짝 눌러준다. (오염, 기포 발생, 누출 주의)

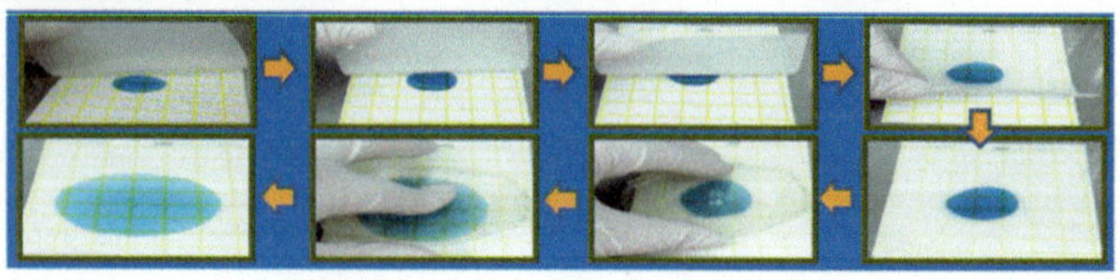

③ **(배 양)** 접종한 Petrifilm을 배양기에 넣고 배양한다. (일반세균수 : 35±1℃, 48±2시간, 대장균(군) : 35±1℃, 24±2시간, 진균수 : 25℃, 5~7일)
④ **(계측·산출)** 형성된 집락수를 '5. 집락수 계측'에 따라 계측하고, '6. 집락수 산출'에 따라 산출하여 기록한다.

9) 뒤처리

- 사용한 Petrifilm은 멸균팩에 넣고 고압멸균기로 멸균하여 폐기한다.

메모

3. 미생물실험 - Petrifilm법

■ Petrifilm(건조필름, dry rehydratable film media) 구조

● 핵심기술

- 필름, 코팅, 접착제

● Film의 특수코팅성분

- 미생물 생장에 필요한 영양성분 + Cold water soluble gel + 염색지시약 등

● 필름구조

- 상위필름 : 폴리프로필렌필름, 접착제 + 지시약, 수용성 겔
- 하위필름 : 영양성분+수용성 겔, 접착제, 격자가 새겨진 폴리에틸렌 필름

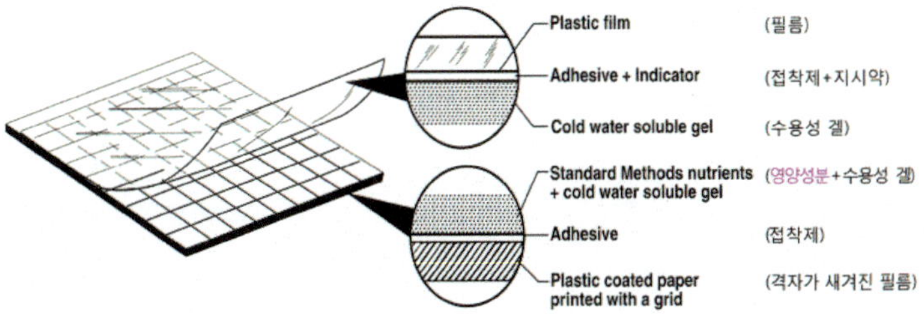

3. 미생물실험 - Petrifilm법

■ 시험액 접종방법

● 접종도구 화염멸균법

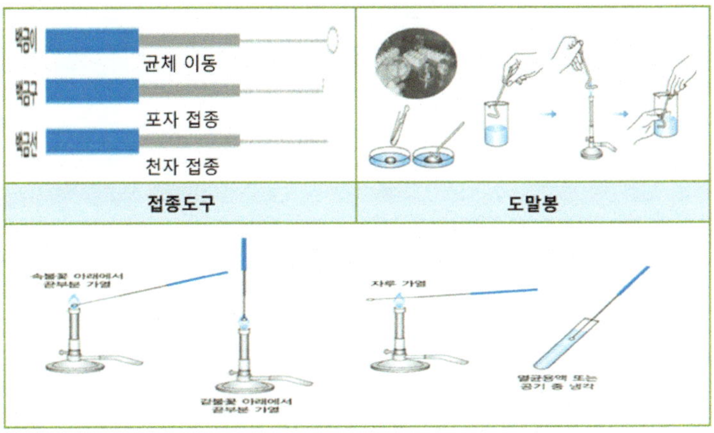

3. 미생물실험 - Petrifilm법

■ 시험액 접종방법

● 도말평판법 (Spread plate method)

① 조제한 plate에 검체명, 조, 희석배수 등을 기재한다.
② 시험원액 또는 희석액 1ml를 마이크로피펫으로 취해 배지가 든 Plate에 무균적으로 접종한다. (오염 주의)
③ 도말봉에 알코올을 적신 후 알코올램프로 화염소독한다. (3회 반복)
④ 도말봉으로 접종한 시험액을 골고루 펼쳐준다. (액이 배지에 스며들 때까지)

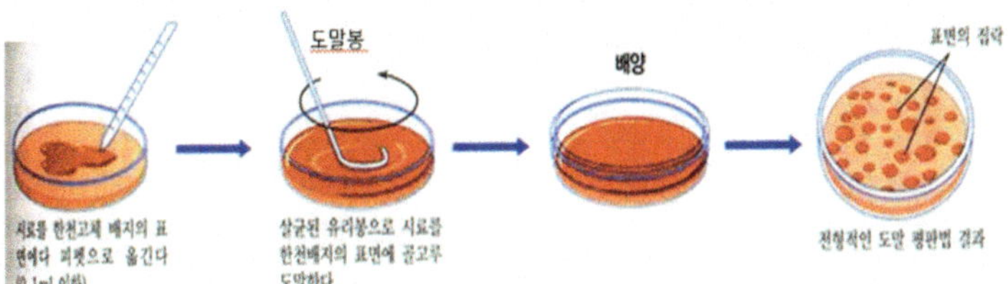

* 출처 : https://blog.daum.net/-jjong216-/2

메모

3. 미생물실험 - Petrifilm법

■ 시험액 접종방법

● 주입평판법 (Pour plate method)

① Petridish 뚜껑에 검체명, 조, 희석배수 등을 기재한다.
② 시험원액 또는 희석액 1ml를 마이크로피펫으로 취해 Petridish에 무균적으로 접종한다. (오염 주의)
③ 60℃ 정도로 보관한 멸균한 배지가 든 삼각플라스크에서 Al 호일을 제거하고 입구를 화염 소독한다.
④ 시험액이 접종된 Petridish에 배지를 15ml 정도 주입한다. (시험액에 직접 닿지 않게 주의)
⑤ 배지를 분주한 plate를 살살 타원형으로 흔들어 주어 배지와 시험액이 골고루 섞이게 한다. (배지가 넘치거나 뚜껑에 닿지 않게 주의)
⑥ 배지가 굳을 때까지 충분히 방치한다.

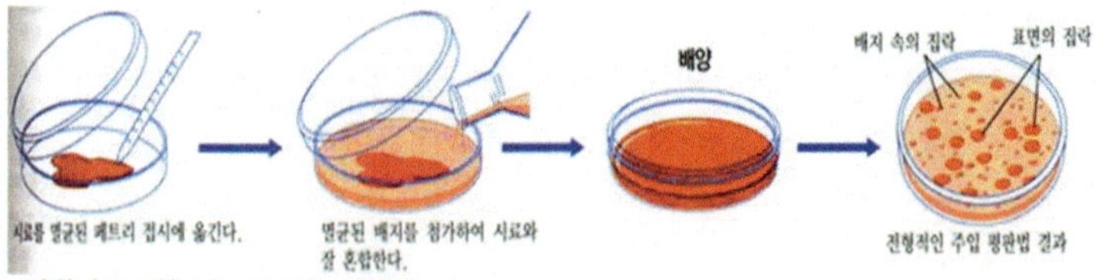

* 출처 : https://blog.daum.net/-jjong216-/2

3. 미생물실험 - Petrifilm법

■ 시험액 접종방법

● 획선도말법 (Streaking method)

- 백금이를 화염소독한 후 시험액을 묻혀 배지가 든 Plate에 지그재그(Zigzag)로 그어준다.

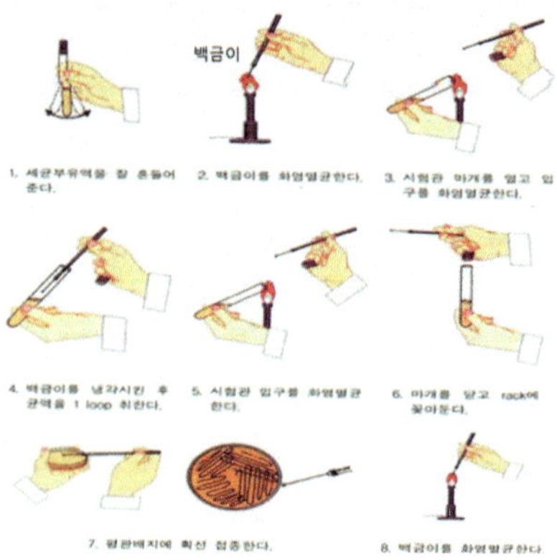

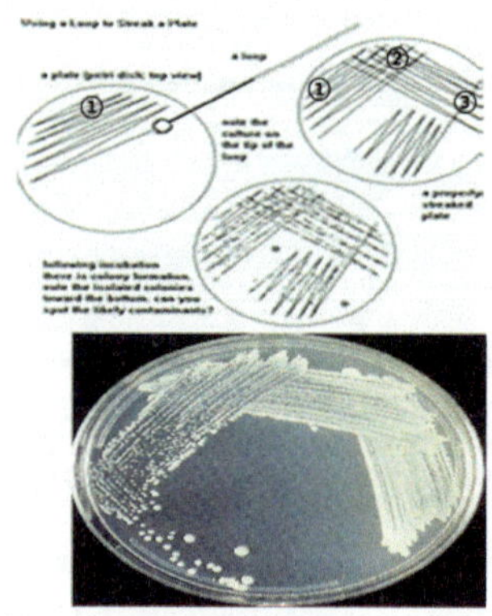

* 출처 : https://blog.daum.net/darkmoons/11806291
* 출처 : http://blog.naver.com/franciaga/221722542060

3. 미생물실험 - Petrifilm법

■ 균주 보존방법

● 사면배지법 (Slant method)

① 백금이를 알코올램프로 화염소독한 후 식힌다.
② 배지에서 증식한 단일 Colony(또는 배양액)를 소독한 백금이로 취한다.
③ 사면배지가 들어있는 시험관의 마개를 제거하고 입구를 화염소독한다.
④ 균주를 묻힌 백금이를 사면배지의 안쪽부터 바깥쪽으로 지그재그로 그어 접종한다.
⑤ 시험관 입구를 화염소독한 후 마개를 한다.
⑥ 접종한 시험관을 배양기에 넣고 배양한 후 냉장고에 넣어 보관한다.

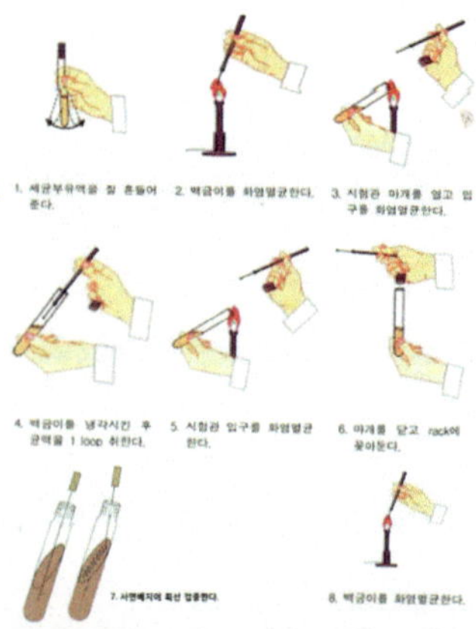

* 출처 : https://blog.naver.com/won0507won/220831223622

3. 미생물실험 - Petrifilm법

■ 배양온도와 시간

종 류	배양온도(℃)	배양시간(시간)	비 고
일반세균수	35±1	48±2	식품공전 (건조필름법)
대장균군	35±1	24±2	〃
대장균	35±1	24~48	〃
효모 및 곰팡이	25	5~7	식품공전
황색포도상구균 DNase 디스크	35 35	24 1~3	DNase 디스크는 3시간까지만 배양

3. 미생물실험 - Petrifilm법

4. 집락 판정기준

구 분	영양성분	지시약	집락 모양	검출 원리
일반세균수	Standard nutrient	TTC	붉은색	살아있는 균의 존재 여부 (산화-환원 반응)
대장균군	Violet red bile lactose	TTC	붉은색	살아있는 균의 존재 여부 (산화-환원 반응)
		Gas	가스 형성	유당발효에 의한 CO_2 생성
대장균	Violet red bile lactose	TTC	붉은색	살아있는 균의 존재 여부 (산화-환원 반응)
		BCIG	파란 집락과 파란 영역	Glucuronidase의 존재 여부
		Gas	가스 형성	유당발효에 의한 CO_2 생성
효모 및 곰팡이	Potato dextrose with antibiotics	BCIP	파란-녹색 (효모)	Phosphatase의 존재 여부
황색포도상구균	Modified baird parker	TTC	적자색	살아있는 균의 존재 여부 (산화-환원 반응)
		Toluidine blue-O	핑크존	DNase의 존재 여부

3. 미생물실험 - Petrifilm법

4. 집락 판정기준

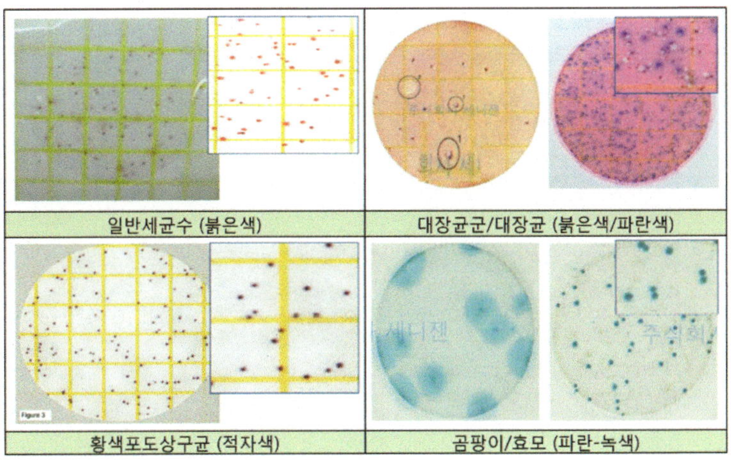

일반세균수 (붉은색) / 대장균군/대장균 (붉은색/파란색)

황색포도상구균 (적자색) / 곰팡이/효모 (파란-녹색)

* 출처 : 3M Petrifilm 사용설명서

메모

메모

3. 미생물실험 - Petrifilm법

5. 집락수 계측

● 일반세균수

* 출처 : 3M Petrifilm 사용설명서

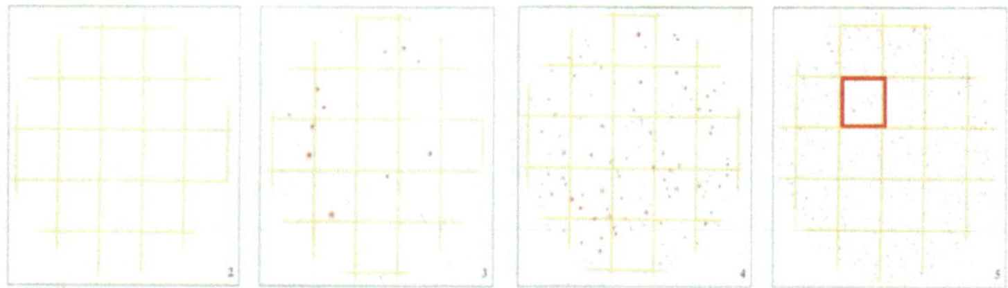

균체수 = 0 균체수 = 16 균체수 = 143 균체수 = 420

* 배지 내의 붉은색 염색지시약이 균체들을 염색시키며, 균체의 크기에 관계없이 배지 내에 염색된 모든 붉은색 균체들을 계측함.

Petrifim에서의 균체 측정 적정범위는 25~250개 사이임.

배지 내에서 균체들이 250개 이상으로 존재하는 경우, 사각형($1cm^2$) 내에 존재하는 평균 균체수를 측정한 후 이에 20을 곱해주면 배지 전체에 존재하는 총 균체수를 얻을 수 있음.

3. 미생물실험 - Petrifilm법

6. 집락수 산출

● 평판에 15~300개 집락이 있는 경우

- 집락수 계산은 확산 집락이 없고 (전면의 ½ 이하일 때는 지장 없음) 1개 평판당 **15~300개**의 집락을 생성한 평판을 택하여 집락수를 산출하는 것을 원칙으로 함.

$$N = \frac{\Sigma C}{\{(1 \times n1) + (0.1 \times n2)\} \times (d)}$$

N = 식육 g 또는 ml 당 세균 집락수
ΣC = 모든 평판에 계산된 집락수의 합
n1 = 첫 번째 희석배수에서 계산된 평판수
n2 = 두 번째 희석배수에서 계산된 평판수
d = 첫 번째 희석배수에서 계산된 평판의 희석배수

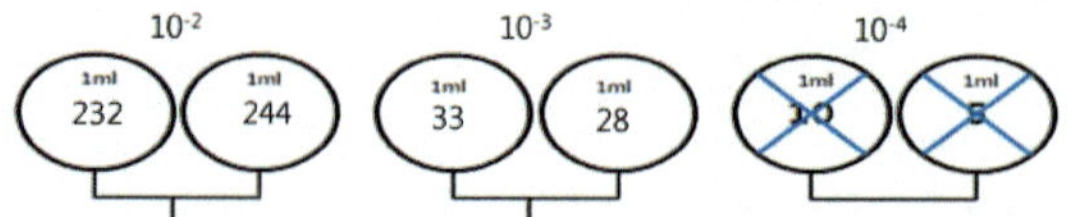

높은 단위로부터 3단계에서 반올림하여 유효숫자를 2단계로 끊어 이하를 0으로 함

$$\frac{(232+244+33+28)}{[(1 \times 2) + (0.1 \times 2)] \times 10^{-2}} = \frac{537}{0.022} = 24,\underline{409}$$

= 24,000 CFU/g(ml)

계산된 평판의 수

첫 번째 희석배수에서 계산된 평판의 희석배수

3. 미생물실험 - Petrifilm법

6. 집락수 산출

● 전체 평판에 15개 미만의 집락이 발생한 경우

- 가장 희석배수가 낮은 평판에 대해 집락수 산출

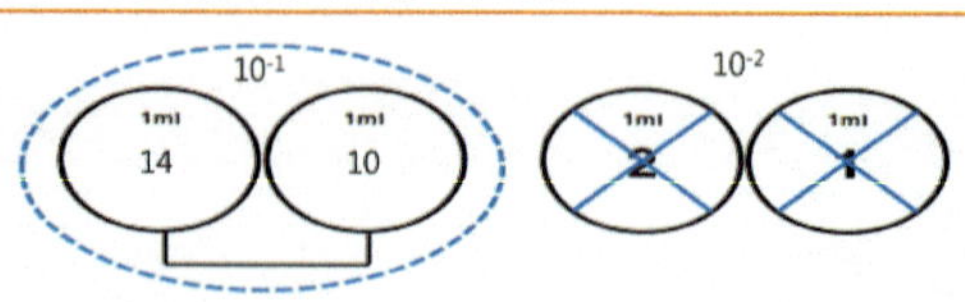

$$\frac{(14+10)}{(1 \times 2) \times 10^{-1}} = \frac{24}{0.2} = 120 \text{ CFU/g(ml)}$$

첫 번째 희석배수에서 계산된 평판의 희석배수

계산된 평판의 수

3. 미생물실험 - Petrifilm법

6. 집락수 산출

● **전체 평판에 300개를 초과하여 집락이 발생한 경우**

- 300개에 가까운 평판에 대해 집락수 산출

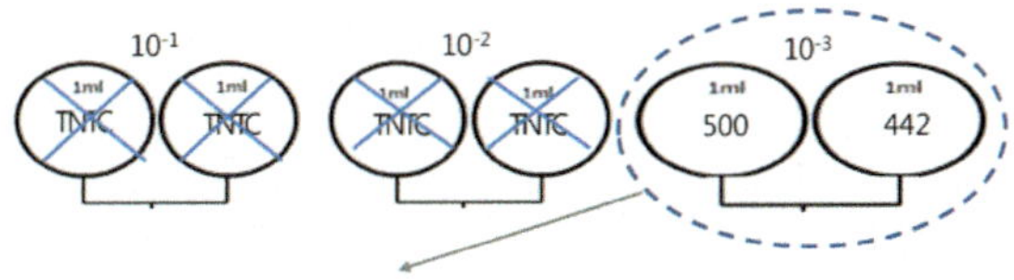

$$\frac{(500+442)}{(1 \times 2) \times 10^{-3}} = \frac{942}{0.002} = 471{,}000$$

$= 470{,}000$ CFU/g(ml)

(1 x 2): 계산된 평판의 수

10^{-3}: 첫 번째 희석배수에서 계산된 평판의 희석배수

4. 수분함량 측정

1. 실험목적

- 빵·과자의 수분함량을 직접 검사하여 품질상태 확인

2. 실험재료 및 도구

1) 검 체

- 각종 원료
- 제과제빵공정별 제품
  . 계량 -> 반죽 -> 1차 발효 -> 분할, 둥글리기 -> 중간발효 -> 성형 -> 2차 발효 -> 굽기 -> 냉각 -> 포장
- 완제품

2) 실험도구

- 칭량접시(칭량병), 저울, 시약스푼, 도가니집게, 항온건조기(105℃), 데시케이터

* 주석 : 식품공전 제8. 일반시험법 2. 식품성분시험법 2.1 일반성분시험법 2.1.1 수분 2.1.1.1 건조감량법

4. 수분함량 측정

3. 실험방법

1) 칭량접시 항량

① 칭량접시를 항온건조기에 도가니집게로 넣고 2시간 동안 건조한다.
② 건조한 칭량접시를 도가니집게로 꺼내 데시케이터에 넣어둔다. (손 접촉 주의)
* **항 량** : 중량이 일정하며 변하지 않게 되는 것 (중량 오차 : ± 0.3mg = 0.0003g)

2) 수분함량 측정

$$\text{수분함량 (\%)} = \frac{(W_2 - W_3)}{(W_2 - W_1)} \times 100$$

① (필요시 검체를 전처리한다.)
② 저울의 전원을 켜고 0점을 맞춘다.
③ 데시케이터에서 항량된 칭량접시를 도가니집게로 꺼내 무게를 잰다. (W_1)
④ 전처리된 검체를 칭량접시에 3~5g 넣고 무게를 잰다. (W_2)
⑤ 칭량접시를 항온건조기에 넣고 105℃에서 2시간 동안 건조한다.
⑥ 건조된 칭량접시를 도가니집게로 꺼내 데시케이터에 넣고 30분 동안 냉각한다.
⑦ 0점을 맞춘 저울로 냉각된 칭량접시의 무게를 잰다. (W_{3-1})
⑧ 무게를 잰 칭량접시를 항온건조기에 넣고 1시간 동안 추가로 건조한다.
⑨ 건조된 칭량접시를 꺼내 데시케이터에 넣고 30분 동안 냉각한다.
⑩ 0점을 맞춘 저울로 냉각된 칭량접시의 무게를 잰다. (W_{3-2})
(건조 후 무게가 항량이 될 때까지 ⑧~⑩의 과정을 반복함)

메모

✎메모

5. 회분함량 측정

1. 실험목적

- 빵·과자의 회분함량을 직접 검사하여 품질상태 확인

2. 실험재료 및 도구

1) 검 체

- 각종 원료
- 제과제빵 공정별 제품
  . 계량 -> 반죽 -> 1차 발효 -> 분할, 둥글리기 -> 중간발효 -> 성형 -> 2차 발효 -> 굽기 -> 냉각 -> 포장
- 완제품

2) 실험도구

- 회화도가니, 저울, 시약스푼, 도가니집게, 회화로(600℃), 데시케이터

5. 회분함량 측정

3. 실험방법

1) 회화도가니 항량

① 도가니를 회화로에 도가니집게로 넣고 2시간 동안 회화시킨다. (손 접촉 주의)
② 회화한 도가니를 도가니집게로 꺼내 데시케이터에 넣어둔다.

2) 회분함량 측정

$$\text{회분함량 (\%)} = \frac{(W_3 - W_1)}{(W_2 - W_1)} \times 100$$

① (필요시 검체를 전처리한다.)
② 저울의 전원을 켜고 0점을 맞춘다.
③ 데시케이터에서 항량된 도가니를 도가니집게로 꺼내 무게를 잰다. (W_1)
④ 전처리된 검체를 도가니에 3~5g 넣고 무게를 잰다. (W_2)
⑤ 도가니를 회화로에 넣고 600℃에서 4시간 동안 회화한다. (필요시 예열)
⑥ 회화로 온도가 200℃까지 떨어지면 회화된 도가니를 도가니집게로 꺼내 데시케이터에 넣고 30분 동안 냉각한다.
⑦ 0점을 맞춘 저울로 냉각된 도가니의 무게를 잰다. (W_{3-1})
⑧ 무게를 잰 도가니를 회화로에 넣고 2시간 동안 추가로 회화한다.
⑨ 회화된 도가니를 꺼내 데시케이터에 넣고 30분 동안 냉각한다.
⑩ 0점을 맞춘 저울로 냉각된 도가니의 무게를 잰다. (W_{3-2})
(회화 후 무게가 항량이 될 때까지 ⑧~⑩의 과정을 반복함)

6. pH 측정

1. 실험목적

- 반죽의 pH 측정

2. 실험재료 및 도구

1) 검 체

- 반죽 5g

2) 실험도구

- 물, 저울, 피펫, 균질기 컵, 균질기(Homogenizer), 원심분리관, 원심분리기, 비커, pH meter

3. 실험방법

① 검체 5g에 증류수 15ml를 넣고 균질기로 균질화한다.
② 원심분리기를 이용하여 3,000g에서 10분간 원심분리하여 상층액을 얻는다.
③ 상층액의 pH를 pH meter로 측정한다.

7. 산도 측정

1. 실험목적

- 제품의 산도(Acidity) 측정

2. 실험재료 및 도구

1) 검 체

- 식품

2) 시 약

- 물, 0.1N 수산화나트륨용액, 1% 페놀프탈레인시액

3) 실험도구

- 피펫(10ml), 비커(100ml), 뷰렛(25ml), 뷰렛 스텐드, 스포이드, 마그네틱 바, 마그네틱 교반기

3. 실험방법

① 비커에 검체 10ml를 넣고, 탄산가스를 함유하지 않은 물 10ml를 가한다.
② 페놀프탈레인시액 0.5ml를 가한 후, 0.1N 수산화나트륨액으로 적정한다.
 * 이 때 30초간 미홍색이 지속될 때까지 적정한다
③ 다음 공식에 따라 산도를 구한다.

$$\text{산 도 (젖산 \%)} = \frac{a \times f \times 0.009}{10 \times \text{검체 비중}} \times 100$$

a : 0.1N 수산화나트륨액의 소비량 (ml)
f : 0.1N 수산화나트륨액의 역가

8. 산가 측정

1. 실험목적

- 식용유지류, 과자류, 유탕·유처리식품, 튀김식품, 조미김 등의 산패 정도 측정
* **산가 (Acid value)** : 지질 1g을 중화하는 데 필요한 수산화칼륨의 mg수를 말하며, 지방산이 Glyceride로서 결합형태로 있지 않은 유리지방산의 양

2. 실험재료 및 도구

1) 검 체

- 식품

2) 시 약

- 에테르, 물, 무수황산나트륨, 질소가스 또는 이산화탄소, 에탄올·에테르혼액(1:2), 페놀프탈레인시액, 0.1N 에탄올성 수산화칼륨용액

3) 실험도구

- 삼각플라스크, 건조여과지, 분액깔때기, 둥근플라스크, 수조, 감압건조장치, 마개달린 삼각플라스크, 뷰렛(25ml), 뷰렛 스텐드, 스포이드, 마그네틱 바, 마그네틱 교반기

8. 산가 측정

3. 실험방법

1) 유지 추출이 필요한 검체의 경우

① 분쇄 또는 세절하여 필요한 양의 유지가 얻어질 수 있도록 적당량을 삼각플라스크에 취해 검체가 잠길 정도의 정제 에테르를 넣고 때때로 흔들면서 약 2시간 동안 방치한다.
② 검체의 고형물이 유출되지 않도록 건조여과지로 여과한다.
③ 다시 삼각플라스크 중의 검체에 정제 에테르(①의 절반 정도)를 넣어 흔들어 섞은 후 동일 여과지에 반복 여과한다.
④ 여액을 분액깔때기에 옮기고, 이 여액의 약 1/2 ~ 1/3 용량에 해당하는 물을 넣어 잘 흔들어 씻고 물층은 버린다.
⑤ ④의 조작을 2회 되풀이하고 에테르층은 분취하여 무수황산나트륨으로 탈수한다.
⑥ 질소가스 또는 이산화탄소를 통과하면서 40℃의 수욕상에서 감압하여 에테르를 완전히 날려 보내고 남은 유지를 검사용 검체로 한다.

메모

메모

8. 산가 측정

3. 실험방법

2) 산가 측정

① 검사용 검체 5 ~ 10 g을 정밀히 달아 마개 달린 삼각플라스크에 넣고 중성의 에탄올·에테르혼액(1:2) 100 mL를 넣어 녹인다.

② 이를 페놀프탈레인시액을 지시약으로 하여 엷은 홍색이 30초간 지속할 때까지 0.1N 에탄올성 수산화칼륨용액으로 적정한다.

* 검체가 착색되어 있는 경우, 지시약은 1% 티몰프탈레인·알코올용액이나 2% 알칼리블루-6B 알코올용액을 사용하거나 검체를 소량으로 하여 상기 용제를 증량하여 시험함.)

③ 다음의 공식에 따라 산가를 구한다.

$$\text{산 가 (mg/g)} = \frac{5.611 \times (a - b) \times f}{S}$$

S : 검체의 채취량 (g)
a : 검체에 대한 0.1N 에탄올성 수산화칼륨용액의 소비량 (ml)
b : 공시험(에탄올·에테르혼액(1:2) 100ml)에 대한 0.1N 에탄올성 수산화칼륨용액의 소비량 (ml)
f : 0.1 N 에탄올성 수산화칼륨용액의 역가

비누를 사용하여
30초 손씻기
물 끓여 마시기
과일, 채소는
세척하고 소독하기
작업 주변은
청결히 하기
도구는 세척한 다음
끓이거나 소독하기
식품은 85℃
1분 이상 가열하기
Ⅵ

Ⅵ HACCP시스템

메모

Ⅵ. HACCP시스템

Ⅵ-1. HACCP시스템 개요

1. HACCP시스템

■ 식품 및 축산물 안전관리인증기준 (HACCP) (위해요소중점관리기준)

H	A	+	C	C	P	
Hazard	Analysis	and	Critical	Control	Point	System
위해요소	분석		중점	관리	기준	

* 식품의약품안전처

「식품위생법」 및 「건강기능식품에 관한 법률」에 따른 「식품안전관리인증기준」과 「축산물 위생관리법」에 따른 「축산물안전관리인증기준」으로서, 식품·축산물의 원료관리, 제조·가공·조리·선별·처리·포장·소분·보관·유통·판매의 모든 과정에서 위해한 물질이 식품 또는 축산물에 섞이거나 식품 또는 축산물이 오염되는 것을 방지하기 위하여 각 과정의 위해요소를 확인·평가하여 중점적으로 관리하는 기준

2. HACCP 관련 용어

■ 위해요소 (Hazards)

- 「식품위생법」 제4조(위해식품 등의 판매 등 금지), 「건강기능식품에 관한 법률」 제23조(위해 건강기능식품 등의 판매 등의 금지) 및 「축산물 위생관리법」 제33조(판매 등의 금지)의 규정에서 정하고 있는 인체 건강을 해할 우려가 있는 생물학적, 화학적, 물리적 인자나 조건

■ 위해요소 분석 (Hazard analysis)

- 식품·축산물 안전에 영향을 줄 수 있는 위해요소와 이를 유발할 수 있는 조건이 존재하는지 여부를 판별하기 위하여 필요한 정보를 수집하고 평가하는 일련의 과정

■ 중요관리점 (Critical control points, CCP)

- 안전관리인증기준을 적용하여 식품·축산물의 위해요소를 예방·제어하거나 허용수준 이하로 감소시켜 당해 식품·축산물의 안전성을 확보할 수 있는 중요한 단계·과정 또는 공정

■ 한계기준 (Critical limits)

- 중요관리점에서의 위해요소 관리가 허용 범위 이내로 충분히 이루어지고 있는지 여부를 판단할 수 있는 기준이나 기준치

2. HACCP 관련 용어

■ 모니터링 (Monitoring procedures)

- 중요관리점에 설정된 한계기준을 적절히 관리하고 있는지 여부를 확인하기 위하여 수행하는 일련의 계획된 관찰이나 측정하는 행위 등

■ 개선조치 (Corrective actions)

- 모니터링 결과 중요관리점의 한계기준을 이탈할 경우에 취하는 일련의 조치

■ 안전관리인증기준 관리계획 (HACCP plan)

- 식품·축산물의 원료 구입에서부터 최종 판매에 이르는 전 과정에서 위해가 발생할 우려가 있는 요소를 사전에 확인하여 허용수준 이하로 감소시키거나 제어 또는 예방할 목적으로 안전관리인증기준(HACCP)에 따라 작성한 제조·가공·조리·선별·처리·포장·소분·보관·유통·판매 공정 관리문서나 도표 또는 계획

■ 검 증 (Verification procedures)

- 안전관리인증기준(HACCP) 관리계획의 유효성(Validation)과 실행(Implementation) 여부를 정기적으로 평가하는 일련의 활동(적용 방법과 절차, 확인 및 기타 평가 등을 수행하는 행위 포함)

2. HACCP 관련 용어

■ 안전관리인증기준(HACCP) 적용업소

- 「식품위생법」, 「건강기능식품에 관한 법률」에 따라 안전관리인증기준(HACCP)을 적용·준수하여 식품을 제조·가공·조리·소분·유통·판매하는 업소와 「축산물 위생관리법」에 따라 안전관리인증기준(HACCP)을 적용·준수하고 있는 안전관리인증작업장·안전관리인증업소·안전관리인증농장 또는 축산물안전관리통합인증업체 등

■ 선행요건 (Pre-requisite program)

- 「식품위생법」, 「건강기능 식품에 관한 법률」,「축산물 위생관리법」에 따라 안전관리인증기준 (HACCP)을 적용하기 위한 위생관리프로그램

■ 중요관리점(CCP) 모니터링 자동 기록관리 시스템

- 중요관리점(CCP) 모니터링 데이터를 실시간으로 자동 기록·관리 및 확인·저장할 수 있도록 하여 데이터의 위·변조를 방지할 수 있는 시스템(이하 "자동 기록관리 시스템")을 말하며, 이 시스템을 적용한 안전관리인증기준을 "스마트해썹"이라 함.

메모

✎메모

3. 제과·제빵의 HACCP 적용 사례

■ 제과·제빵의 HACCP Plan 사례

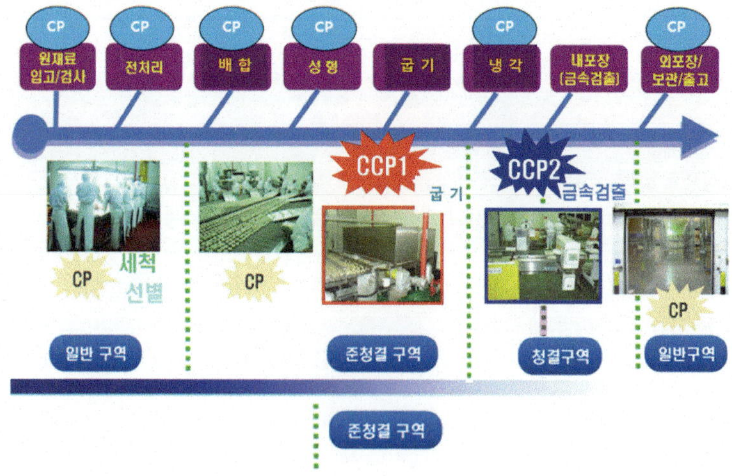

3. 제과·제빵의 HACCP 적용 사례

■ 제과·제빵의 HACCP Plan 사례

HACCP 관리기준 (포장 · 금속검출)

공정 소개	●공정특징 : 본공정은 제품에 혼입되어 있는 금속성 이물을 제어하는 공정 ●주요설비:금속검출기,선별Conv				
CCP-2	**HACCP 관리계획 [CCP – P]**				
위해요소 (HA)	CCP 결정사유	한계기준	모니터링 방법	개선조치 방법	기록 및 보관
● 금속검출기 작동불량, 감도저하 등에 의한 금속성 이물 잔존	● 본 공정은 금속성 이물 혼입에 대한 예방조치가 있는가 ? 예 : 포장공정 - 금속검출기 운영 ● 본 공정은 금속성 이물질을 제거 또는 허용수준까지 감소시킬 수 있는가? 예 : 금속검출기 감도 등 정상작동 유지, 점검 CCP-P	● 철(Fe) 1.5¢ 비철(Sus) 2.5¢이상 감지하여 검출할 수 있어야 함.	금속검출기에서 검출될 수 있는 금속편(Test Piece)의 크기는 Fe 1.5¢, Sus 2.5¢ 이상 이므로 규격의 금속편을 3회이상 여러 방향으로 통과시켜 정상적으로 금속을 감지하고 검출할 수 있어야 함.	1.공정 중지 2.LOT별구분, 별도 관리 3.팀장 보고 (공무팀 통보) 4.설비이상조치 5.원인분석 6.해당 제품 전수검사 7.금속 이물혼입 제품 폐기	HACCP공정 점검표 (생산,품질)

4. HACCP시스템 구성체제

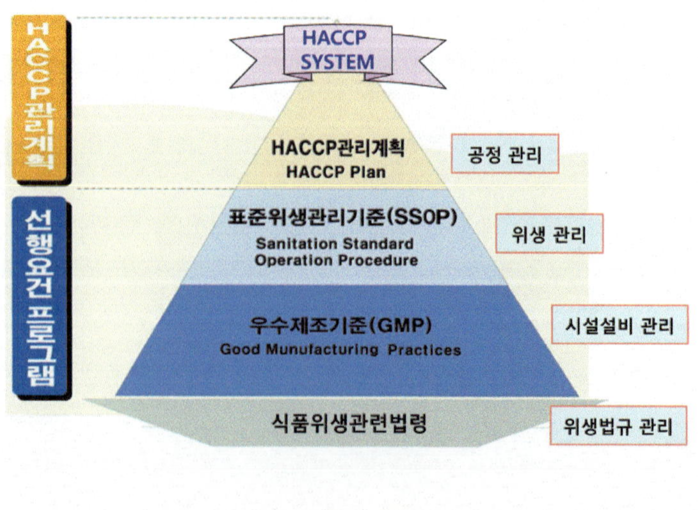

4. HACCP시스템 구성체제

■ HACCP 실천단계

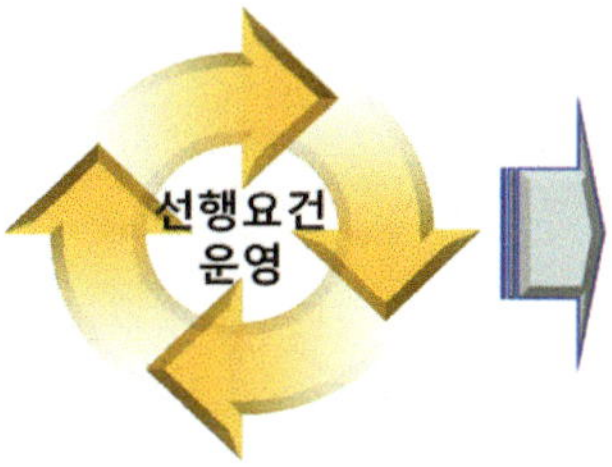

HACCP 7원칙 12절차

준비단계	1. HACCP팀 구성
	2. 제품설명서 작성
	3. 사용용도 확인
	4. 공정흐름도 작성
	5. 공정흐름도 현장 확인
적용단계	6. 위해요소 분석 (원칙 1)
	7. 중요관리점 결정 (원칙 2)
	8. 한계기준 설정 (원칙 3)
	9. 모니터링체계 확립 (원칙 4)
	10. 개선조치방법 수립 (원칙 5)
사후단계	11. 검증절차 및 방법 수립 (원칙 6)
	12. 문서화 및 기록유지방법 (원칙 7)

4. HACCP시스템 구성체제

■ 선행요건 (Prerequisite program)

식품제조·가공업소, 집단급식소

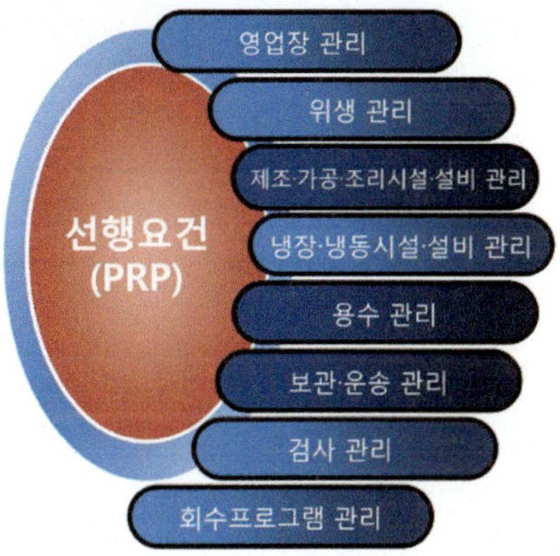

식품접객업소(제과점 등)

- 작업장(조리장) 관리
- 개인위생 관리
- 방충·방서 관리
- 세척·소독 관리
- 제조설비 관리
- 온도계 검·교정 관리
- 입고·보관 관리
- 용수 관리
- 검사 관리
- 냉장·냉동창고 온도 관리
- 보관·운송 관리
- 이물 관리

4. HACCP시스템 구성체제

■ HACCP 적용단계

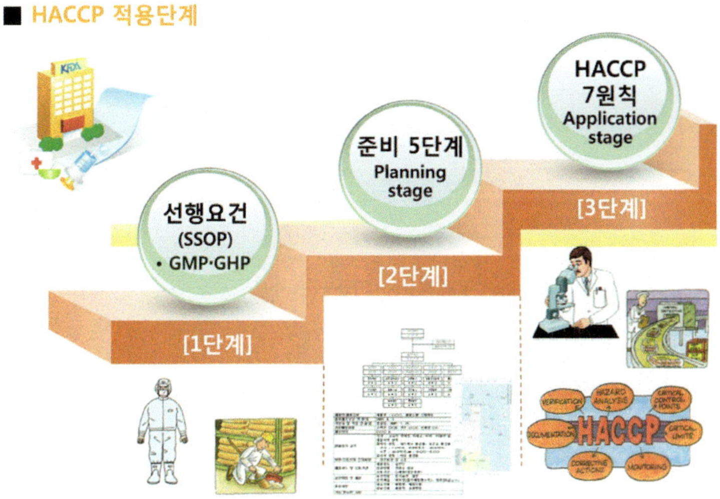

메모

메모

Ⅵ-2. HACCP 도입 역사 및 현황

1. HACCP 도입 역사

■ 국 외

- 1960 우주식 제조를 위해 미국 NASA와 Philsbury사 최초 공동개발
- 1971 미국 식품안전성학회에서 HACCP 개념 최초 공개
- 1989 미국 NACMCF에서 HACCP 7원칙 제시
- 1993 CODEX에서 HACCP 적용지침 권고
- 1990 하반기 미국 수산식품과 축산식품에 HACCP의무적용 시작
- 1995 (우리나라) 식품위생법 HACCP조항 제정

* EU, 캐나다, 호주, 뉴질랜드, 일본 등에서 법제화

1. HACCP 도입 역사

■ 국 내

- 1992 일반모델(식육햄/소시지 GMP/HACCP) 연구, 시범사업 실시
- 1996 '식품위해요소중점관리기준' 제정 고시
- 1998 축산물가공품 농림부 이관
  '축산물위해요소중점관리기준' 제정 고시
- 2002 식품위생법 개정
- 2003 식품위생법 시행규칙 개정 : 의무적용
- 2005 10.20. 식약청 고시 제 2005-58호
  빵, 케이크류 기준 설정 / 6개 유형 의무적용
- 2015 12.22. 식약처 고시 제2015-97호
  식품 및 축산물 안전관리인증기준
  식약처 고시 제2025-8호(2025.02.18)

2. HACCP 도입 현황

■ **의무적용식품** (규칙 제62조)

1. 수산가공식품류의 어육가공품 중 어묵·어육소시지
2. 기타수산물가공품 중 냉동 어류·연체류·조미가공품
3. 냉동식품 중 피자류·만두류·면류
4. 과자류, 빵류 또는 떡류 중 과자·캔디류·빵류·떡류
5. 빙과류 중 빙과
6. 음료류(다류 및 커피류 제외)
7. 레토르트식품
8. 절임류 또는 조림류의 김치류 중 김치(배추를 주원료로 하여 절임, 양념혼합과정 등을 거쳐 이를 발효시킨 것이나 발효시키지 아니한 것 또는 이를 가공한 것)
9. 코코아가공품 또는 초콜릿류 중 초콜릿류
10. 면류 중 유탕면 또는 곡분, 전분, 전분질 원료를 주원료로 반죽하여 손이나 기계 따위로 면을 뽑아내거나 자른 국수로서 생면·숙면·건면
11. 특수용도식품
12. 즉석섭취·편의식품류 중 즉석섭취식품

12의2. 즉석섭취·편의식품류의 즉석조리식품 중 순대

13. 식품제조·가공업의 영업소 중 전년도 총 매출액이 100억원 이상인 영업소에서 제조·가공하는 식품

2. HACCP 도입 현황

■ **HACCP 적용업소인증(연장) 신청절차** (한국식품안전관리인증원 홈페이지)

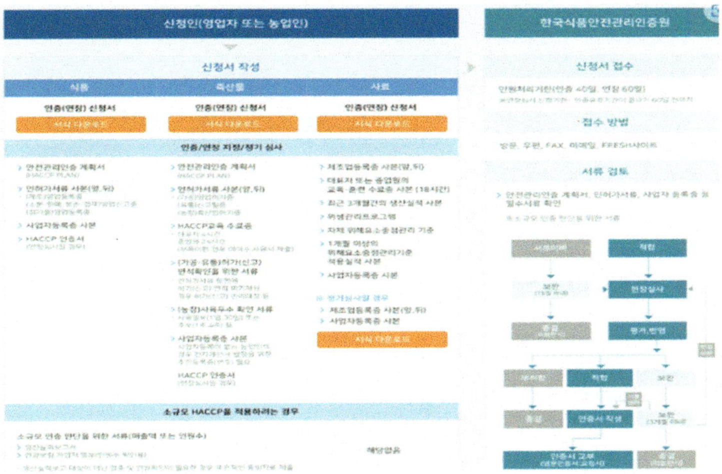

2. HACCP 도입 현황

■ **HACCP 의무적용업체 신규 영업등록(허가, 신규품목제조보고 포함) 시 절차**

구분	절차	주체
1	HACCP 인증심사 신청서류 구비하여 접수 * 구비서류 중 영업등록(허가)증 제외	영업자 → 인증원
2	HACCP 인증신청 확인증 발급	인증원 → 영업자
3	신규 영업등록(허가 등) 신청 (확인증 제출)	영업자 → 시·도 또는 시·군·구
4	신규 영업등록(허가 등) 처리	시·도 또는 시·군·구 → 영업자
5	신규 영업등록(허가 등) 서류 제출	영업자 → 인증원
6	HACCP 인증심사(현장심사)	인증원 → 영업자

메모

메모

2. HACCP 도입 현황

■ HACCP 적용업소 인증변경 신청절차

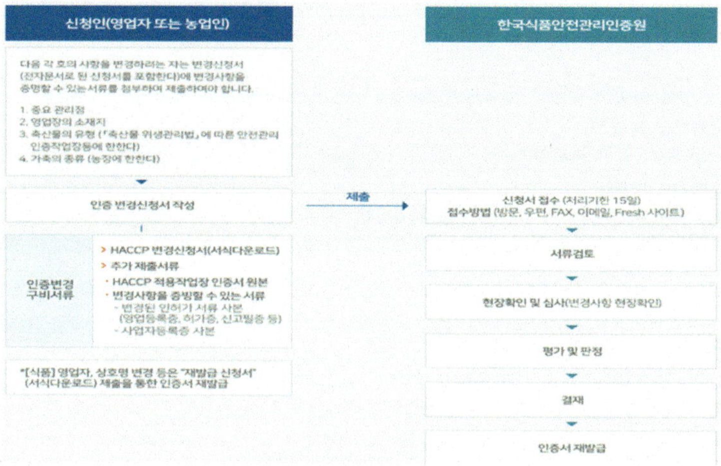

2. HACCP 도입 현황

■ HACCP 의무적용업체 신규영업 등록절차

HACCP 의무적용 업체 신규 영업등록(허가, 신규 품목제조보고 포함) 시 절차

구분	절차	주체
1	HACCP 인증심사 신청서류 구비하여 접수 * 구비서류 중 영업등록(허가)증 제외	영업자 → 인증원
2	HACCP 인증신청 확인증 발급	인증원 → 영업자
3	신규 영업등록(허가 등) 신청 (확인증 제출)	영업자 → 시·도 또는 시·군·구
4	신규 영업등록(허가 등) 처리	시·도 또는 시·군·구 → 영업자
5	신규 영업등록(허가 등) 서류 제출	영업자 → 인증원
6	HACCP 인증심사(현장심사)	인증원 → 영업자

2. HACCP 도입 현황

■ 한국식품안전관리인증원

- 인증업소(2024.05.31 기준) : 28,460개소
  . 식　품 : 11,169개소(22,616 유형) (식품제조가공업 : 10,902, 식품접객업 : 22, 제과점 : 1)
  . 축산물 : 17,291(가공업 : 7,985, 유통업 : 2,499, 생산단계 : 6,547, 사료 : 260)

** 총 업소수 : 약 25,000여 개소, 제과(약 2,500개소), 제빵(약 1,600개소)*

- *제과업체 : 156개사*
- *제빵업체 : 491개사*
- *제분업체 : 22개사*

Ⅵ-3. HACCP 관련 법적 사항

- 식품위생법
- 식품위생법 시행령
- 식품위생법 시행규칙

1. 식품안전관리인증기준

■ 제48조 (식품안전관리인증기준)

① 식품의약품안전처장은 식품의 원료관리 및 제조·가공·조리·소분·유통의 모든 과정에서 위해한 물질이 식품에 섞이거나 식품이 오염되는 것을 방지하기 위하여 각 과정의 위해요소를 확인· 평가하여 중점적으로 관리하는 기준(이하 "식품안전관리인증기준" 이라 한다)을 식품별로 정하여 고시할 수 있다.

② 총리령으로 정하는 식품을 제조·가공·조리·소분·유통하는 영업자는 제1항에 따라 식약처장이 식품별로 고시한 HACCP을 지켜야 한다.

● 규칙 제62조 (식품안전관리인증기준 대상식품)

① 법 제48조 제2항에서 "총리령으로 정하는 식품"이란 다음 각 호의 하나에 해당하는 식품을 말한다.

1. 수산가공식품류의 어육가공품류 중 어묵·어육소시지
2. 기타수산물가공품 중 냉동 어류·연체류·조미가공품 3. 냉동식품 중 피자류·만두류·면류
4. 과자류, 빵류 또는 떡류 중 과자·캔디류·빵류·떡류 5. 빙과류 중 빙과 7. 레토르트식품
8. 절임류 또는 조림류의 김치류 중 김치(배추를 주원료로 하여 절임, 양념혼합과정 등을 거쳐 이를 발효시킨 것이거나 발효시키지 아니한 것 또는 이를 가공한 것에 한한다)
6. 음료류[다류 및 커피류 제외] 9. 코코아가공품 또는 초콜릿류 중 초콜릿류 11. 특수용도식품
10. 면류 중 유탕면 또는 곡분, 전분, 전분질원료 등을 주원료로 반죽하여 손이나 기계 따위로 면을 뽑아내거나 자른 국수로서 생면·숙면·건면
12. 즉석섭취·편의식품류 중 즉석섭취식품 12의2. 즉석섭취·편의식품류의 즉석조리식품 중 순대
13. 식품제조·가공업소 중 전년도 총 매출액이 100억원 이상인 영업소에서 제조·가공하는 식품

② 제1항에 따른 식품에 대한 HACCP의 적용·운영에 관한 세부 사항은 식약처장이 정하여 고시한다.

1. 식품안전관리인증기준

■ 제48조 (식품안전관리인증기준)

③ 식약처장은 제2항에 따라 HACCP을 지켜야 하는 영업자와 그 밖에 HACCP을 지키기 원하는 영업자의 업소를 식품별 HACCP적용업소로 인증할 수 있다. 이 경우 HACCP적용업소로 인증을 받은 영업자가 그 인증을 받은 사항 중 총리령으로 정하는 사항을 변경하려는 경우에는 식약처장의 변경 인증을 받아야 한다.

● 규칙 제63조 (HACCP적용업소의 인증신청 등)

① 법 제48조 제3항에 따라 HACCP적용업소로 인증을 받으려는 자는 별지 제52호서식의 HACCP적용업소 인증신청서(전자문서로 된 신청서를 포함한다)에 법 제48조 제1항에 따른 HACCP에 따라 작성한 적용대상 식품별 HACCP계획서(전자문서를 포함한다)를 첨부하여 법 제48조 제12항에 따라 해당 업무를 위탁받은 기관(이하 "인증기관"이라 한다)의 장에게 제출하여야 한다.

② 제1항에 따라 HACCP적용업소로 인증을 받으려는 자는 다음 각 호의 요건을 갖추어야 한다.

1. 선행요건관리기준(HACCP을 적용하기 위하여 미리 갖추어야 하는 시설기준 및 위생관리기준을 말함)을 작성하여 운용할 것
2. HACCP을 작성하여 운용할 것

③ 제1항에 따른 인증신청을 받은 인증기관의 장은 해당 업소를 HACCP적용업소로 인증한 경우에는 별지 제53호서식의 HACCP적용업소 인증서를 발급하여야 한다.

④ 법 제48조 제3항 후단에 따라 HACCP적용업소로 인증받은 사항 중 식품의 위해를 방지하거나 제거하여 안전성을 확보할 수 있는 단계 또는 공정(이하 "중요관리점"이라 한다)을 변경하거나 영업장 소재지를 변경하려는 자는 별지 제54호서식의 변경신청서(전자문서로 된 신청서를 포함한다)에 다음 각 호의 서류(전자문서를 포함한다)를 첨부하여 인증기관의 장에게 제출하여야 한다.

1. 별지 제53호서식의 HACCP적용업소 인증서
2. 중요관리점의 변경 내용에 대한 설명서

메모

메모

1. 식품안전관리인증기준

■ 제48조 (식품안전관리인증기준)

④ 식약처장은 HACCP적용업소로 인증받은 영업자에게 총리령으로 정하는 바에 따라 그 인증 사실을 증명하는 서류를 발급하여야 한다. 제3항 후단에 따라 변경 인증을 받은 경우에도 또한 같다.

⑤ HACCP적용업소의 영업자와 종업원은 총리령으로 정하는 교육훈련을 받아야 한다.

● 규칙 제64조 (HACCP적용업소의 영업자 및 종업원에 대한 교육훈련)

① 법 제48조 제5항에 따라 HACCP적용업소의 영업자 및 종업원이 받아야 하는 교육훈련의 종류는 다음 각 호와 같다. 다만, 법 제48조 제8항 및 이 규칙 제66조에 따른 조사·평가 결과 만점의 95퍼센트 이상을 받은 HACCP적용업소의 종업원에 대하여는 그 다음 연도의 제2호 에 따른 정기 교육훈련을 면제한다.

1. 영업자 및 종업원에 대한 신규교육훈련
2. 종업원에 대하여 매년 1회(인증받은 연도는 제외한다) 이상 실시하는 정기교육훈련
3. 그 밖에 식약처장이 식품위해사고의 발생 및 확산이 우려되어 영업자 및 종업원에게 명하는 교육훈련

③ 제1항에 따른 교육훈련의 시간은 다음 각 호와 같다.

1. 신규교육훈련 : 영업자의 경우 2시간 이내, 종업원의 경우 16시간 이내
2. 정기교육훈련 : 4시간 이내
3. 제1항 제3호에 따른 교육훈련 : 8시간 이내

⑥ 제1항 및 제3항에서 규정한 사항 외에 교육훈련 대상별 교육시간 등에 관한 세부적인 사항은 식약처장이 정하여 고시한다.

1. 식품안전관리인증기준

■ 제48조 (식품안전관리인증기준)

⑥ 식약처장은 제3항에 따라 HACCP적용업소의 인증을 받거나 받으려는 영업자에게 위해요소 중점관리에 필요한 기술적·경제적 지원을 할 수 있다.

● 규칙 제65조 (HACCP적용업소에 대한 지원 등)

식약처장은 법 제48조 제6항에 따라 HACCP적용업소의 인증을 받거나 받으려는 영업자에게 HACCP에 관한 다음 각 호의 사항을 지원할 수 있다.

1. HACCP 적용에 관한 전문적 기술과 교육
2. 위해요소 분석 등에 필요한 검사
3. HACCP 적용을 위한 자문 비용
4. HACCP 적용을 위한 시설·설비 등 개수·보수 비용
5. 교육훈련 비용

⑦ HACCP적용업소의 인증요건·인증절차 및 제6항에 따른 기술적·경제적 지원에 필요한 사항은 총리령으로 정한다.

1. 식품안전관리인증기준

■ 제48조 (식품안전관리인증기준)

⑧ 식약처장은 HACCP적용업소의 효율적 운영을 위하여 총리령으로 정하는 HACCP의 준수 여부 등에 관한 조사·평가를 할 수 있으며, ...

● 규칙 제66조 (HACCP적용업소에 대한 조사·평가)

① 지방식약청장은 법 제48조 제8항에 따라 HACCP적용업소로 인증받은 업소에 대하여 HACCP의 준수 여부 등에 관하여 매년 1회 이상 조사·평가할 수 있다.

② 제1항에 따른 조사·평가사항은 다음 각 호와 같다.

1. 법 제48조 제1항에 따른 제조·가공·조리 및 유통에 따른 위해요소 분석, 중요관리점 결정 등이 포함된 HACCP의 준수 여부
2. 제64조에 따른 교육훈련 수료 여부

③ 그 밖에 조사·평가에 관한 세부적인 사항은 식약처장이 정한다.

1. 식품안전관리인증기준

■ 제48조 (식품안전관리인증기준)

⑧ 식약처장은 ……, 그 결과 HACCP적용업소가 다음 각 호의 어느 하나에 해당하면 그 인증을 취소하거나 시정을 명할 수 있다. 다만, HACCP적용업소가 제1호의2 및 제2호에 해당할 경우 인증을 취소하여야 한다.

1. HACCP을 지키지 아니한 경우

1의2. 거짓이나 그 밖의 부정한 방법으로 인증을 받은 경우

2. 제75조 또는 「식품 등의 표시·광고에 관한 법률」 제16조 제1항·제3항에 따라 영업정지 2개월 이상의 행정처분을 받은 경우
3. 영업자와 그 종업원이 제5항에 따른 교육훈련을 받지 아니한 경우
4. 그 밖에 제1호부터 제3호까지에 준하는 사항으로서 총리령으로 정하는 사항을 지키지 아니한 경우

● 규칙 제67조 (HACCP적용업소 인증취소 등)

① 법 제48조 제8항 제4호에서 "총리령으로 정하는 사항을 지키지 아니한 경우"란 다음 각 호의 경우를 말한다.

1. 법 제48조 제10항을 위반하여 HACCP적용업소의 영업자가 인증받은 식품을 다른 업소에 위탁하여 제조·가공한 경우
2. 제63조 제4항을 위반하여 변경신청을 하지 아니한 경우

② 법 제48조 제8항에 따른 HACCP적용업소 인증취소 등의 기준은 별표 20과 같다.

1. 식품안전관리인증기준

● 규칙 [별표 20] HACCP적용업소의 인증취소 등의 기준 (제67조 제2항 관련)

1. HACCP을 지키지 않은 경우로서 다음 각목의 어느 하나에 해당함
   가. 원재료·부재료 입고 시 공급업체로부터 HACCP에서 정한 검사성적서를 받지도 않고 HACCP에서 정한 자체검사도 하지 않음
   나. HACCP에서 정한 작업장 세척 또는 소독을 하지 않고 HACCP에서 정한 종사자 위생관리도 하지 않음
   다. HACCP에서 정한 중요관리점에 대한 모니터링을 하지 않거나 중요관리점에 대한 한계기준의 위반 사실이 있음에도 불구하고 지체 없이 개선조치를 이행하지 않음
   라. 지하수를 비가열섭취식품의 원재료·부재료의 세척용수 또는 배합수로 사용하면서 살균 또는 소독을 하지 않음
   마. HACCP기준서에서 정한 제조·가공 방법대로 제조·가공하지 않음*
   바. 신규 제품 또는 추가된 공정에 대해 HACCP에서 정한 위해요소 분석을 전혀 실시하지 않음
   사. 법 제48조 제8항에 따른 조사·평가 결과 부적합 판정을 받은 경우로서 다음의 어느 하나에 해당함
      1) 선행요건 관리분야에서 만점의 60퍼센트 미만을 받음
      2) HACCP 관리분야에서 만점의 60퍼센트 미만을 받음
   아. 법 제48조 제8항에 따른 조사·평가 결과 부적합 판정을 받은 경우로서 다음의 어느 하나에 해당함*
      1) 선행요건 관리분야에서 만점의 85퍼센트 미만 60퍼센트 이상을 받음*
      2) HACCP 관리분야에서 만점의 85퍼센트 미만 60퍼센트 이상을 받음*

*는 시정명령, 나머지는 인증취소

1. 식품안전관리인증기준

● 규칙 [별표 20] HACCP적용업소의 인증취소 등의 기준 (제67조 제2항 관련)

2. 법 제75조 또는 「식품 등의 표시·광고에 관한 법률」 제16조제1항·제3항 에 따라 2개월 이상의 영업정지를 받은 경우 또는 그에 갈음하여 과징금을 부과받음
3. 영업자 및 종업원이 법 제48조 제5항에 따른 교육훈련을 받지 아니함*
4. 법 제48조 제10항을 위반하여 HACCP적용업소의 영업자가 인증받은 식품을 다른 업소에 위탁하여 제조·가공함
5. 제63조 제4항을 위반하여 변경신고를 하지 아니함*
6. 위의 제1호 마목, 제3호 또는 제5호를 위반하여 2회 이상의 시정명령을 받고도 이를 이행하지 아니함
7. 제1호 아목을 위반하여 시정명령을 받고도 이를 이행하지 않음
8. 거짓이나 그 밖의 부정한 방법으로 인증을 받음

*는 시정명령, 나머지는 인증취소

메모

메모

1. 식품안전관리인증기준

■ 제48조 (식품안전관리인증기준)

⑨ HACCP적용업소가 아닌 업소의 영업자는 HACCP적용업소라는 명칭을 사용하지 못한다.

⑩ HACCP적용업소의 영업자는 인증받은 식품을 다른 업소에 위탁하여 제조·가공하여서는 아니 된다. 다만, 위탁하려는 식품과 동일한 식품에 대하여 HACCP적용업소로 인증된 업소에 위탁하여 제조·가공하려는 경우 등 대통령령으로 정하는 경우에는 그러하지 아니하다.

● 영 제33조 (식품안전관리인증기준)

① 법 제48조 제10항 단서에서 "위탁하려는 식품과 동일한 식품에 대하여 HACCP적용업소로 인증된 업소에 위탁하여 제조·가공하려는 경우 등 대통령령으로 정한 경우"란 다음 각 호의 경우를 말한다.

1. 위탁하려는 식품과 같은 식품에 대하여 법 제48조 제3항에 따라 HACCP적용업소로 인증된 업소에 위탁하여 제조·가공하려는 경우
2. 위탁하려는 식품과 같은 제조공정·중요관리점(식품의 위해를 방지하거나 제거하여 안전성을 확보할 수 있는 단계 또는 공정을 말한다)에 대하여 HACCP적용업소로 인증된 업소에 위탁하여 제조·가공하려는 경우

② 법 제48조 제11항에서 "대통령령으로 정하는 그 소속기관의 장"이란 지방식약청장을 말한다.

1. 식품안전관리인증기준

■ 제48조 (식품안전관리인증기준)

⑪ 식약처장(대통령령으로 정하는 그 소속기관의 장을 포함한다), 시·도지사 또는 시장·군수·구청장은 HACCP적용업소에 대하여 관계 공무원으로 하여금 총리령으로 정하는 일정기간 동안 제22조에 따른 출입·검사·수거 등을 하지 아니하게 할 수 있으며, 시·도지사 또는 시장·군수·구청장은 제89조 제3항 제1호에 따른 영업자의 위생관리시설 및 위생설비시설 개선을 위한 융자 사업에 대하여 우선 지원 등을 할 수 있다.

● 규칙 제68조 (HACCP적용업소에 대한 출입·검사 면제)

지방식약청장, 시·도지사 또는 시장·군수·구청장은 법 제48조 제11항에 따라 법 제48조의2 제1항에 따른 인증유효기간 동안 관계 공무원으로 하여금 출입·검사를 하지 아니하게 할 수 있다.

⑫ 식약처장은 HACCP적용업소의 공정별·품목별 위해요소의 분석, 기술지원 및 인증 등의 업무를 「한국식품안전관리인증원의 설립 및 운영에 관한 법률」에 따른 한국식품안전관리인증원 등 대통령령으로 정하는 기관에 위탁할 수 있다.

⑬ 식약처장은 제12항에 따른 위탁기관에 대하여 예산의 범위에서 사용경비의 전부 또는 일부를 보조할 수 있다.

⑭ 제12항에 따른 위탁기관의 업무 등에 필요한 사항은 대통령령으로 정한다.

2. HACCP 인증 유효기간

■ 제48조의2 (인증 유효기간)

① 제48조 제3항에 따른 인증의 유효기간은 인증을 받은 날부터 3년으로 하며, 같은 항 후단에 따른 변경 인증의 유효기간은 당초 인증 유효기간의 남은 기간으로 한다.

② 제1항에 따른 인증 유효기간을 연장하려는 자는 총리령으로 정하는 바에 따라 식약처장에게 연장신청을 하여야 한다.

● 규칙 제68조의2(인증유효기간의 연장신청 등)

① 인증기관의 장은 인증유효기간이 끝나기 90일 전까지 다음 각 호의 사항을 HACCP적용업소의 영업자에게 통지하여야 한다. 이 경우 통지는 휴대전화 문자메시지, 전자우편, 팩스, 전화 또는 문서 등으로 할 수 있다.

1. 인증유효기간을 연장하려면 인증유효기간이 끝나기 60일 전까지 연장 신청을 하여야 한다는 사실
2. 인증유효기간의 연장 신청 절차 및 방법

② 법 제48조의2 제2항에 따라 인증유효기간의 연장을 신청하려는 영업자는 인증유효기간이 끝나기 60일 전까지 별지 제52호서식의 HACCP적용업소 인증연장신청서(전자문서로 된 신청서를 포함한다)에 법 제48조 제1항에 따른 HACCP에 따라 작성한 적용대상 식품별 HACCP계획서(전자문서를 포함한다)를 첨부하여 인증기관의 장에게 제출해야 한다.

③ 인증기관의 장은 법 제48조의2 제3항에 따라 인증유효기간을 연장하는 경우에는 별지 제53호서식의 HACCP적용업소 인증서를 발급하여야 한다.

③ 식약처장은 제2항에 따른 연장신청을 받았을 때에는 HACCP에 적합하다고 인정하는 경우 3년의 범위에서 그 기간을 연장할 수 있다.

3. HACCP 인증 조사·평가

■ **제48조의3 (HACCP적용업소에 대한 조사·평가 등)**

① 식약처장은 HACCP적용업소로 인증받은 업소에 대하여 HACCP의 준수 여부와 제48조 제5항에 따른 교육훈련 수료 여부를 연 1회 이상 조사·평가하여야 한다.

② 식약처장은 제1항에 따른 조사·평가 결과 그 결과가 우수한 HACCP적용업소에 대해서는 제1항에 따른 조사·평가를 면제하는 등 행정적·재정적 지원을 할 수 있다. 다만, HACCP 적용업소가 제48조의2 제1항에 따른 인증 유효기간 내에 이 법을 위반하여 영업의 정지, 허가 취소 등 행정처분을 받은 경우 에는 제1항에 따른 조사·평가를 면제하여서는 아니 된다.

③ 그 밖에 조사·평가의 방법 및 절차 등에 필요한 사항은 총리령으로 정한다.

메모

4. HACCP 위반 시 행정처분 및 청문

■ **제75조 (허가취소 등)**

① 식약처장 또는 시·도지사·시장·군수·구청장은 영업자가 다음 각 호의 어느 하나에 해당하는 경우에는 대통령령으로 정하는 바에 따라 영업허가 또는 등록을 취소하거나 6개월 이내의 기간을 정하여 그 영업의 전부 또는 일부를 정지하거나 영업소 폐쇄(제37조 제4항에 따라 신고한 영업만 해당한다. 이하 이 조에서 같다)를 명할 수 있다.

15. 제48조 제2항에 따른 HACCP을 지키지 아니한 경우

● **규칙 [별표 23] 행정처분 기준 (제89조 관련)**

Ⅱ. 개별기준

1. 식품제조·가공업 등

위반사항	근거 법령	행정처분기준		
		1차 위반	2차 위반	3차 위반
13. 법 제48조 제2항에 따른 HACCP을 지키지 아니한 경우	법 제75조	영업정지 7일	영업정지 15일	영업정지 1개월

■ **제81조 (청문)**

식약처장, 시·도지사 또는 시장·군수·구청장은 다음 각 호의 어느 하나에 해당하는 처분을 하려면 청문을 하여야 한다.

2. 제48조 제8항에 따른 HACCP적용업소의 인증취소

5. HACCP 인증 수수료 및 권한 위임

■ **제92조 (수수료)**

다음 각 호의 어느 하나에 해당하는 자는 총리령으로 정하는 수수료를 내야 한다.

6. 제48조 제3항(제88조에서 준용하는 경우를 포함한다)에 따른 HACCP적용업소 인증 또는 변경 인증을 신청하는 자

6의2. 제48조의2 제2항에 따른 HACCP적용업소 인증 유효기간의 연장신청을 하는 자

■ **제65조 (권한의 위임)**

식약처장은 법 제91조에 따라 다음 각 호의 권한을 지방식약청장에게 위임한다.

8. 법 제48조 제8항에 따른 HACCP적용업소에 대한 조사·평가 및 인증취소 또는 시정명령

메모

Ⅵ-4. 식품 및 축산물 안전관리인증기준

[식품(축산물)위해요소중점관리기준]

1. 제·개정 이력

보건복지부 고시 제1996-75호(제1996.12.03, 제정)
보건복지부 고시 제1997-80호(제1997.10.30, 개정)
보건복지부 고시 제1997-84호(제1997.11.08, 개정)
보건복지부 고시 제1998-13호(제1998.02.12, 개정)
식품의약품안전청 고시 제1998-61호(제1998.05.30, 개정)
식품의약품안전청 고시 제1999-17호(제1999.02.23, 개정)
식품의약품안전청 고시 제1999-33호(제1999.06.21, 개정)
식품의약품안전청 고시 제2000-50호(제2000.10.20, 개정)
식품의약품안전청 고시 제2002-33호(제2002.06.25, 개정)
식품의약품안전청 고시 제2005-58호(제2005.10.20, 전문개정)
식품의약품안전청 고시 제2008-18호(제2008.04.28, 개정)
식품의약품안전청 고시 제2008-28호(제2008.05.28, 개정)
식품의약품안전청 고시 제2008-54호(제2008.08.14, 개정)
식품의약품안전청 고시 제2009-11호(제2009.03.27, 개정)
식품의약품안전청 고시 제2009-62호(제2009.08.12, 개정)
식품의약품안전청 고시 제2009-193호(제2009.12.22, 개정)
식품의약품안전청 고시 제2010-83호(제2010.11.16, 개정)
식품의약품안전청 고시 제2011-24호(제2011.06.11, 개정)
식품의약품안전청 고시 제2011-51호(제2011.09.19, 개정)
식품의약품안전청 고시 제2012-19호(제2012.05.17, 개정)
식품의약품안전청 고시 제2012-42호(제2012.07.03, 개정)
식품의약품안전처 고시 제2013-79호(2013.04.05, 개정)
식품의약품안전처 고시 제2013-260호(제2013.12.31, 개정)
식품의약품안전처 고시 제2014-21호(제2014.02.12, 개정)
식품의약품안전처 고시 제2014-192호(제2014.12.01, 개정)
식품의약품안전처 고시 제2015-97호(2015.12.22, 제정)
식품의약품안전처 고시 제2016-30호(2016.4.27, 개정)
식품의약품안전처 고시 제2017-49호(2017.5.31, 개정)
식품의약품안전처 고시 제2017-80호(2017.10.27, 개정)
식품의약품안전처 고시 제2018-31호(2018.4.25, 개정)
식품의약품안전처 고시 제2018-69호(2018.9.18, 개정)
식품의약품안전처 고시 제2019-12호(2019.3.4, 개정)
식품의약품안전처 고시 제2019-148호(2019.12.30, 개정)
식품의약품안전처 고시 제2020-15호(2020.3.11, 개정)
식품의약품안전처 고시 제2021-71호(2021.8.19, 개정)
식품의약품안전처 고시 제2022-40호(2022.5.18, 개정)
식품의약품안전처 고시 제2022-25호(2022.3.31, 개정)
식품의약품안전처 고시 제2023-26호(2023.4.6, 개정)
식품의약품안전처 고시 제2025-8호(2025.02.18. 개정)

2. HACCP기준 주요 내용

■ **HACCP팀 구성·운영**

■ **관리기준서 작성, 비치**

- 선행요건
- HACCP
- 기록 : 2년간 보관

■ **인증사항 변경 보고**

- 중요관리점
- 영업장 소재지

■ **HACCP 교육훈련**

● **신규교육훈련**

- 영업자 : 2시간
- HACCP팀장 : 16시간
- HACCP팀원, 기타 종업원 : 4시간

● **정기교육훈련(종업원)**

- 매년 1회 이상 4시간

2. HACCP기준 주요 내용

■ 정기 조사·평가

● 주기 및 방법

- 연 1회 이상, 서류검토 및 현장조사

● 차등 관리

- 전년도 정기 조사·평가 점수의 백분율에 따라 차등 관리 가능
- **95% 이상**
  . 2년간 정기 조사·평가 미실시 가능, 해당업소의 자체적 조사·평가 실시
  . 김치, 즉석섭취식품, 신선편의식품 중 비가열식품 제외
- **95% 미만에서 90% 이상**
  . 1년간 정기 조사·평가 미실시 가능, 해당업소의 자체적 조사·평가 실시
  . 김치, 즉석섭취식품, 신선편의식품 중 비가열식품 제외
- **90% 미만에서 85% 이상**
  . 연 1회 이상 정기 조사·평가 실시
- **85% 미만에서 70% 이상**
  . 연 1회 이상 정기 조사·평가 및 연 1회 이상 기술지원
  . 학교 집단급식소 납품 : 연 2회 이상 정기 조사·평가 및 연 1회 이상 기술지원 실시
- **백분율이 70% 미만**
  . 연 1회 이상 정기 조사·평가 및 연 2회 이상 기술지원 실시
  . 학교 집단급식소 납품 : 연 2회 이상 정기 조사·평가 및 연 2회 이상 기술지원 실시

2. HACCP기준 주요 내용

■ 명칭 사용 및 인증서 반납

- HACCP 미적용품목에 대한 명칭 사용 금지
- 인증취소를 통보받은 영업자 또는 영업소 폐쇄처분을 받거나 영업을 폐업한 영업자 : 지체 없이 인증서 반납
- 집단급식소 중 위탁 계약 만료 등으로 운영자가 변경된 경우
  . 해당 집단급식소의 HACCP 적용업소 지정 취소
  . 당해 집단급식소 신고자 : 인증서 즉시 반납

3. 목적 및 적용대상

제1조 (목 적)

이 기준은 「식품위생법」 제48조부터 제48조의3까지, 같은 법 시행규칙 제62조부터 제68조의2까지 및 「건강기능식품에 관한 법률」 제38조에 따른 「식품안전관리인증기준」과 그 적용·운영 및 교육·훈련 등에 관한 사항과 「축산물 위생관리법」 제9조부터 제9조의4까지, 같은 법 시행규칙 제7조부터 제7조의8까지에 따른 「축산물안전관리인증기준」의 적용·운영 및 교육·훈련 등에 관한 사항을 정함을 목적으로 한다.

제2조 (정 의)

이 기준에서 사용하는 용어의 정의는 다음과 같다.

제3조 (적용대상 영업자)

이 기준은 「식품위생법」, 「건강기능식품에 관한 법률」 및 「축산물 위생관리법」에 따라 영업허가를 받거나 신고 또는 등록을 한 자와 「축산법」 에 따라 축산업의 허가 또는 등록을 한 자 중 안전관리인증기준(HACCP)을 준수하여야 하는 영업자·농업인과 그 밖에 안전관리인증기준의 준수를 원하는 영업자를 대상으로 적용한다. 다만, 국외에 소재하여 식품·축산물을 제조·가공하는 자나 수출을 목적으로 하는 자가 이 기준의 준수를 원하는 경우에는 이 기준을 적용하게 할 수 있다.

메모

메모

4. 적용품목 및 시기

제4조 (적용품목 및 시기 등)

① 적용품목

이 기준은「식품위생법」 및 같은 법 시행규칙,「건강기능식품에 관한 법률」,「축산물위생관리법」 및 같은 법 시행규칙에 따라 의무적으로 안전관리인증기준(HACCP)을 적용해야 하는 식품·축산물에 적용하며, 필요한 경우 그 이외의 영업장 또는 제품에 대해서도 적용할 수 있다. 다만, 생산식품이 해당 지역 내에서만 유통되는 도서지역의 영업자이거나 생산식품을 모두 국외로 수출하는 영업자는 제외한다.

② 의무적용시기

안전관리인증기준(HACCP) 의무적용 시기는 각 법에서 정한 바에 따르되, 연매출액 및 종업원수를 기준으로 하여 연매출액과 종업원수의 요건을 동시에 충족하는 시기를 말하며, 연매출액 산정은 해당 사업장에서 제조·가공하는 의무적용 대상식품 또는 축산물의 총 매출액을 기준으로 하고, 종업원수는「근로기준법」에 의한 영업장 전체의 상시 근로자를 기준으로 한다.

* 시행규칙 참조

4. 적용품목 및 시기

제4조 (적용품목 및 시기 등)

③ 의무적용시기 예외

제2항의 규정에도 불구하고 신규영업 또는 휴업 등으로 1년간 매출액을 산정할 수 없는 경우에는 매출액 산정이 가능한 최근 3개월의 매출액을 기준으로 1년간 매출액을 산정하여 의무적용 시기를 정할 수 있다. 다만, 식품안전관리인증기준 의무적용 대상업소(소규모업소 중 연장심사를 일반 업소로 받아야 하는 경우 포함) 중 기준 준수에 필요한 시설·설비 등의 개·보수를 위하여 일정기간이 필요하다고 요청하여 식품의약품안전처장이 인정하는 경우에는 1년 범위 내에서 의무적용 및 연장심사를 유예할 수 있다.

④ 의무적용시기 예외

식품의약품안전처장은 다음 각 호 중 어느 하나에 해당하는「식품위생법 시행규칙」제62조 제13호에 따른 안전관리인증기준(HACCP) 의무적용 대상업소가 필요하다고 요청한 경우에는 6개월 범위 내에서 의무적용시기를 유예할 수 있다. 제2호의 경우 전년도 생산실적보고 완료일 이전에 요청하여야 한다.

1. 안전관리인증기준(HACCP) 적용업소가 신규로 식품유형을 추가하려는 경우. 다만,「식품 위생법 시행규칙」제62조 제1항 제1호부터 제12의2호에 해당하는 식품은 제외한다.
2. 전년도 매출액이 100억원 이상이 되어 해당연도에 신규 의무적용 대상이 된 경우

5. 선행요건 관리

제5조 (선행요건 관리)

① 선행요건

1. 식품(식품첨가물 포함)**제조·가공업소, 건강기능식품제조업소, 집단급식소식품판매업소, 축산물작업장·업소**

가. 영업장 관리	나. 위생 관리	다. 제조·가공·조리 시설·설비 관리
라. 냉장·냉동 시설·설비 관리	마. 용수 관리	바. 보관·운송 관리
사. 검사 관리	아. 회수 프로그램 관리	

2. 집단급식소, 식품접객업소(위탁급식영업), 운반급식(개별 또는 벌크 포장)

가. 영업장 관리	나. 위생 관리	다. 제조·가공·조리 시설·설비 관리
라. 냉장·냉동 시설·설비 관리	마. 용수 관리	바. 보관·운송 관리
사. 검사 관리	아. 회수 프로그램 관리	

4. 소규모업소, 즉석판매제조가공업소, 식품소분업소, 식품접객업소(일반음식점·휴게음식점·제과점)

가. 작업장(조리장), 개인위생관리	나. 방충·방서관리	다. 세척·소독관리
라. 입고·보관관리	마. 용수관리	바. 검사관리
사. 냉장냉동창고 온도관리	아. 보관·운송관리	자. 이물관리

5. 선행요건 관리

제5조 (선행요건 관리)

③ 선행요건관리기준서 작성 비치. 다만, 자체위생관리기준을 작성·비치한 경우 예외

④ 해당 기공품유형의 연매출액 5억원 미만이거나 종업원수가 21인 미만인 식품제조·가공업소, 건강기능식품제조업소 및 축산물가공업소와 해당 영업장의 연 매출액이 5억원 미만이거나 종업원수가 10명 미만인 집단급식소식품판매업소, 식육포장처리업소, 축산물운반업소, 축산물보관업소, 축산물판매업소, 식육즉석판매가공업소 및 식용란선별포장업소(이하 "소규모 업소"라 함)는 별표 1의 소규모 업소용 선행요건 준수 가능

⑤ 국외 소재 식품·축산물제조·가공영업자 경우, 국제식품규격위원회(Codex Alimentarius Commission)의 우수위생기준(Good Hygienic Practice)을 선행요건으로 적용 가능

⑥ 제3항에 따른 선행요건관리기준서를 제정하거나 이를 개정한 때는 일자, 담당자 및 HACCP 팀장 또는 영업자의 이름을 적고 서명

6. HACCP 관리

제6조 (HACCP 관리)

① 원·부재료와 해당 공정에 대한 적절한 HACCP관리계획 수립·운영

1. 위해요소 분석　2. 중요관리점 결정　3. 한계기준 설정
4. 모니터링 체계 확립　5. 개선조치 방법 수립　6. 검증 절차 및 방법 수립
7. 문서화 및 기록 유지

② HACCP 관리계획 : 과학적 근거나 사실에 기초하여 수립·운영, 중요관리점, 한계기준 등 변경 사항이 있는 경우에는 이를 재검토

③ HACCP 관리기준서 작성·비치

1. **식품(식품첨가물 포함)제조·가공업소**, 건강기능식품제조업소
 가. 안전관리인증기준(HACCP)팀 구성
  (1) 조직 및 인력현황　(2) HACCP팀 구성원별 역할　(3) 교대 근무 시 인수·인계 방법
 나. 제품설명서 작성
  (1) 제품명·제품유형 및 성상　(2) 품목제조보고 연·월·일(해당제품에 한함)
  (3) 작성자 및 작성 연·월·일　(4) 성분(또는 식자재) 배합비율　(5) 제조(포장)단위(해당제품에 한함)
  (6) 완제품 규격　(7) 보관·유통상(또는 배식상)의 주의사항
  (8) 소비기한(또는 배식시간)　(9) 포장방법 및 재질(해당제품에 한함)
  (10) 기타 필요한 사항
 다. 용도 확인
  (1) 가열 또는 섭취 방법　(2) 소비 대상
 라. 공정 흐름도 작성
  (1) 제조·가공·조리 공정도(공정별 가공방법)
  (2) 작업장 평면도(작업특성별 구획, 기계·기구 등의 배치, 제품의 흐름과정, 세척·소독조의 위치, 작업자의 이동경로, 출입문 및 창문 등을 표시한 평면도면)
  (3) 급기 및 배기 등 환기 또는 공조시설 계통도　(4) 급수 및 배수처리 계통도

6. HACCP 관리

제6조 (HACCP 관리)

③ HACCP 관리기준서 작성·비치

1. 식품(식품첨가물 포함)제조·가공업소, 건강기능식품제조업소
 마. 공정 흐름도 현장 확인
 바. 원·부자재, 제조·가공·조리·유통에 따른 위해요소 분석
  (1) 원·부자재별.공정별 생물학적·화학적·물리적 위해요소 목록
  (2) 위해평가(각 위해요소에 대한 심각성과 위해발생 가능성 평가)
  (3) 위해평가 결과 및 예방조치·관리 방법
 사. 중요관리점 결정
  (1) 확인된 주요 위해요소를 예방·제어(또는 허용수준 이하로 감소)할 수 있는 공정상의 단계·과정 또는 공정 결정
  (2) 중요관리점 결정도 적용 결과
 아. 중요관리점의 한계기준 설정
 자. 중요관리점별 모니터링 체계 확립
 차. 개선조치방법 수립
 카. 검증 절차 및 방법 수립
  (1) 유효성 검증 방법(서류조사, 현장조사, 시험검사) 및 절차
  (2) 실행성 평가 방법(서류조사, 현장조사, 시험검사) 및 절차
 타. 문서화 및 기록유지방법 설정

메모

메모

6. HACCP 관리

제6조 (HACCP 관리)

③ HACCP 관리기준서 작성.비치

3. 집단급식소, **식품접객업소**, 즉석판매제조가공업소 및 식품소분업소 등

가. 안전관리인증기준(HACCP)팀 구성

(1) 조직 및 인력현황 (2) HACCP팀 구성원별 역할 (3) 교대 근무 시 인수·인계 방법

나. 조리·제조·소분 공정도(과정 별 조리·제조·소분방법) 작성

다. 원·부자재, 조리·제조·소분·판매에 따른 위해요소 분석

(1) 원·부자재별.공정별 생물학적·화학적·물리적 위해요소 목록 및 발생원인

(2) 위해평가(원·부자재별, 조리·제조·소분공정별 각 위해요소에 대한 심각성과 위해발생 가능성 평가)

(3) 위해요소 분석결과 및 예방조치·관리 방법

라. 중요관리점 결정

(1) 확인된 주요 위해요소를 예방·제어(또는 허용수준 이하로 감소)할 수 있는 공정상 단계·과정 또는 공정 결정

마. 중요관리점의 한계기준 설정 바. 중요관리점 모니터링 체계 확립

사. 개선조치방법 수립 아. 검증 방법 및 절차 수립 자. 문서화 및 기록유지방법 설정

⑤ **소규모 업소**는 별도로 정하여진 「소규모 업소용 HACCP 표준관리기준서」를 활용하여 HACCP 관리계획 및 기준서를 작성·비치 가능

⑥ 안전관리인증기준(HACCP) 관리기준서는 업소별 또는 적용대상 식품별로 작성, 제정하거나 개정할 때는 일자, 담당자 및 HACCP팀장 또는 영업자의 이름을 적고 서명

7. 기록관리 및 HACCP팀 구성

제8조 (기록관리)

① 관계 법령에 특별히 규정된 것을 제외하고 관리사항에 대한 기록을 2년간 보관

② 기록을 할 때에 작성자는 작성일자, 시간 및 이름을 적고 서명

③ 기록이 작성일자, 시간, 이름 및 서명 등의 동일함을 보증 가능할 때는 전산 유지 가능

④ 안전관리인증기준(HACCP) 적용업소의 출입·검사업무 등을 수행하는 안전관리인증기준(HACCP) 지도관 또는 시·도 검사관, 식품(축산물)위생감시원은 기록 열람 가능

제9조 (HACCP팀 구성 및 팀장의 책무 등)

① 영업자 : HACCP팀장과 팀원으로 구성된 HACCP팀 구성·운영

② HACCP팀장 : 종업원에 대한 선행요건 및 HACCP 등에 관한 교육·훈련 계획 수립·실시

③ HACCP팀장 : 원·부재료공급업소 등 협력업소의 위생관리 상태 등을 점검하고 그 결과를 기록·유지(공급업소가 HACCP 적용업소일 경우에는 생략 가능)

④ HACCP팀장 : 원·부자재 공급원이나 제조·가공·조리·소분·유통 공정 변경 등 HACCP 관리계획의 재평가 필요성을 수시로 검토, 개정이력 및 개선조치 등 중요사항에 대한 기록 보관·유지

8. HACCP 인증절차

제10조 (HACCP적용업소 인증신청 등)

① HACCP 적용업소 인증(연장)신청서에 업소별 또는 적용대상식품별 식품안전관리인증계획서를 첨부하여 인증원장에게 제출

⑥ 식품안전관리인증계획서

1. 중요관리점 및 한계기준 2. 모니터링 체계 3. 개선조치 및 검증 절차 및 방법

⑦ 작업장·업소·농장(축종)별로 신청

⑧ 인증원장은 제출서류가 기준에 미흡한 경우 일정기간을 정하여 (특별한 경우를 제외하고는 15일 이내) 보완 요구 가능

제11조 (HACCP 적용업소의 인증 등)

① 인증원장은 서류심사 후 별표 4의 HACCP 실시상황평가표에 의한 현장조사를 실시하여 평가, 평가 당시 제출자료 등의 신뢰성이 의심되는 경우 수거 및 검사 등을 통해 확인하여 그 결과 반영 가능

② 연장 신청을 받은 때에는 현장조사를 민원처리 기한 내에 불시에 실시 가능

③ 평가결과, 보완이 필요한 경우 신청인으로 하여금 3개월 이내에 보완 요구 가능, 보완요구 기한 내에 보완되지 아니한 경우 인증 또는 연장절차를 종결 처리 가능

④ 평가결과, 기준에 적합한 경우 HACCP 적용업소로 인증, 인증서를 발급

⑤ HACCP지도관에 준하거나 관련교육을 이수한 관계공무원, 관련협회 등으로 HACCP 평가단 구성·운영 가능

8. HACCP 인증절차

제11조의2 (자동 기록관리 시스템 등록 등)

① 자동 기록관리 시스템 적용업소로 등록하고자 하는 자는 별지 제9호서식에 따른 신청서를 작성하여 인증원장에게 제출

② 인증원장은 제1항에 따른 HACCP 적용업소의 자동 기록관리 시스템 등록 신청을 받은 때에는 신청인이 제출한 서류를 확인한 후 별표 4-1의 평가표에 따라 현장조사의 방법으로 평가

③ 인증원장은 제2항에 따른 평가 결과가 적합한 경우에는 「식품위생법 시행규칙」 별지 제53호서식의 HACCP 적용업소 인증서에 해당사항을 기재하여 발급 또는 재발급

④ 제3항에 따른 자동 기록관리 시스템 적용업소의 등록 유효기간은 등록일로부터 인증 종료일 또는 등록 취소일까지

⑤ 자동 기록관리 시스템 적용업소 등록을 취소하려는 자는 별지 제10호서식에 따른 신청서를 작성하여 인증원장에게 제출

제12조 (HACCP적용업소 인증사항 변경)

① 인증받은 사항 중 다음 각 호의 사항을 변경하려는 자는 「식품위생법 시행규칙」별지 제54호서식에 따른 변경신청서(전자문서로 된 신청서 포함)에 변경사항을 증명할 수 있는 서류를 첨부하여 인증원장에게 제출

1. 중요관리점
2. 영업장의 소재지

8. HACCP 인증절차

제13조 (HACCP 인증대상 추가)

① 인증원장은 이미 인증받은 식품 또는 축산물과 동일한 공정을 거쳐 제조된 유사한 유형의 식품 또는 축산물을 HACCP 인증식품 또는 축산물로 추가하고자 하는 신청을 받은 경우 별도의 현장평가 없이 서류검토만으로 HACCP 인증식품 또는 축산물로 추가 가능

제14조 (인증서 반납)

① 인증취소를 통보받은 영업자 또는 영업소 폐쇄처분을 받거나 영업을 폐업한 영업자는 인증서를 인증원장에게 지체 없이 반납, 영업자가 반납처리를 하지 않은 경우 인증원장은 인허가기관에 폐업 등의 여부를 확인하여 자체적으로 처리 가능

② 집단급식소 중 위탁계약 만료 등으로 운영자가 변경되어 HACCP을 적용하지 않을 경우 해당 집단급식소는 HACCP 적용업소 인증이 취소되며, 집단급식소 신고자는 인증서를 인증원장에게 즉시 반납

제15조 (조사·평가 범위와 주기)

① 지방식약청장 또는 인증원장은 HACCP적용업소로 인증받은 업소에 대해 HACCP 준수 여부를 별표 4에 따라 연 1회 이상 서류검토 및 현장조사의 방법으로 정기조사·평가 가능
제출자료 등의 신뢰성이 의심되거나 주요 안전조항 검증 등에 필요한 경우 수거 및 검사 등을 통해 확인하여 그 결과 반영 가능

8. HACCP 인증절차

제15조 (조사·평가 범위와 주기)

② 지방식약청장 또는 인증원장은 「식품위생법」 위반사항이 발견된 업소 등에 대해서는 불시에 수시 조사·평가 실시, HACCP을 준수할 수 있도록 필요한 교육 또는 행정지도 가능

③ 지방식약청장은 HACCP지도관에 준하거나 관련교육을 이수한 관계공무원, 관련협회 등으로 HACCP 평가단 구성·운영 가능

④ 제1항에도 불구하고 이미 인증받은 유사한 유형의 식품이거나 제13조 제1항에 따라 인증식품을 추가한 경우에는 최초로 인증한 기관에서 추가로 인증받은 식품을 포함하여 조사·평가 실시, 이 경우 추가된 식품에 대한 조사·평가를 한 것으로 봄.

⑤ 전년도 정기 조사·평가 점수에 따라 다음 각 호와 같이 차등하여 관리 가능

1. 백분율이 95% 이상 : 2년간 정기 조사·평가 미실시, 해당업소가 자체적으로 조사·평가 실시. 다만, 김치, 즉석섭취식품, 신선편의식품중 비가열식품 제외
2. 백분율이 95% 미만에서 90% 이상 : 1년간 정기 조사·평가 미실시, 해당업소가 자체적으로 조사·평가 실시. 다만, 김치, 즉석섭취식품, 신선편의식품 중 비가열식품 제외
3. 백분율이 90% 미만에서 85% 이상 : 연 1회 이상 정기 조사·평가 실시
4. 백분율이 85% 미만에서 70% 이상 : 연 1회 이상 정기 조사·평가 및 연 1회 이상 기술지원 실시. 다만, 학교 집단급식소에 납품하는 경우 연 2회 이상 정기 조사·평가 및 연 1회 이상 기술지원 실시
5. 백분율이 70% 미만 : 연 1회 이상 정기 조사·평가 및 연 2회 이상 기술지원 실시. 다만, 학교 집단급식소에 납품하는 경우 연 2회 이상 정기 조사·평가 및 연 2회 이상 기술지원 실시

메모

메모

8. HACCP 인증절차

제15조 (조사·평가 범위와 주기)

⑥ 자동 기록관리 시스템 적용업소로 등록된 업소(모든 CCP에 자동 기록관리 시스템 적용)에 대해서는 정기 조사·평가를 하지 아니할 수 있으며, 이 경우 해당 업소가 자체적으로 조사·평가 실시

⑦ 제5항 제1호 및 제2호에 따라 자체 조사·평가 계획을 수립하여 업종별 실시상황평가표에 따라 조사·평가를 실시한 업소는 그 결과를 1개월 이내에 제출

제16조 (조사·평가 방법)

제17조 (조사·평가 결과에 따른 조치)

① 지방식약청장 또는 인증원장은 조사·평가 결과 이 기준에 적합한 업소로 판정되었으나 일부 사항이 미흡하거나 개선되어야 할 필요성이 있다고 인정되는 때에는 1개월 이내에 수정·보완 또는 개선하도록 명할 수 있으며, 기준에 적합하지 아니한 것으로 판정된 업소에 대하여는 시정명령 또는 인증취소를 명할 수 있음.

② 인증원장은 제15조 제1항에 따른 조사·평가결과 부적합한 경우 즉시 지방식약청장에게 통보

제18조 (감독기관 검증기준)

제19조 (안전관리인증기준 지도관)

9. 교육훈련

제20조 (교육훈련 등)

① HACCP 적용업소 영업자 및 종업원에 대하여 HACCP 교육훈련 실시

③ HACCP 적용업소 인증일로부터 6개월 이내에 신규교육훈련 이수

④, ⑤ 신규교육훈련시간 (영업자가 HACCP팀장 교육을 받은 경우에는 갈음)

1. 영업자 : 2시간 : 지정된 교육훈련기관
2. HACCP팀장 : 16시간 : 〃
3. HACCP팀원, 기타 종업원 : 4시간 : 자체 실시 가능

⑥ HACCP팀장, HACCP 팀원 및 기타 종업원은 정기교육훈련 이수

- 매년 1회 이상 4시간
- HACCP팀원 및 기타 종업원 교육훈련은 자체적으로 실시 가능
- 조사.평가 결과가 그 총점의 95퍼센트 이상인 경우 다음 연도의 정기교육훈련 면제

⑦ 위탁급식업소와 계약을 맺고 급식을 운영하는 집단급식소의 경우 HACCP 적용 운영주체인 위탁급식업소 영업자나 설치신고자가 영업자 신규교육훈련 이수 가능

⑧ 정기교육훈련 개시일은 영업 개시연도(자체안전관리인증기준을 작성.운영하는 영업자에 한함) 또는 인증연도의 다음 연도를 기준으로 하여 실시

제21조 ~ 제25조 (교육훈련기관의 지정, 운영, 지정취소 등)

10. HACCP 우대조치

제27조 (우대조치)

1. 법 제48조 제11항에 따른 출입·검사 및 수거 등 완화
2. 별표 8의 안전관리(통합)인증 표시 또는 HACCP 적용업소 인증 사실에 대한 광고 허용 (다만, HACCP 적용품목 및 업소에 한함)
4. 자동 기록관리 시스템 적용업소의 경우 그 사실에 대한 표시 또는 광고 가능, 이 경우 모든 중요관리점(CCP) 중 60% 이상 자동 기록관리 시스템을 적용한 업소에 한하여 별표 8 나목에 따른 심벌 표시 또는 광고 허용
5. 「국가를 당사자로 하는 계약에 관한 법률」에 따른 우대조치
6. 기타 HACCP 활성화 및 식품 안전성 제고에 필요하다고 인정되는 우대조치

참고문헌

1. 2020년 식중독 발생 최저치 기록, 이유는?, e-newsp.com.
2. https://blog.naver.com/kt5088/222568542625.
3. 학교급식에서 식중독 가장 많이 발생…4건 중 1건만 행정처분-국민일보, kmib.co.kr.
4. http://www.babytimes.co.kr/news/articleView.html?idxno=26091.
5. https://www.yonhapnewstv.co.kr/news/MYH20170621021100038?did=1947m.
6. https://news.v.daum.net/v/20211102120100136?f=o.
7. https://www.yna.co.kr/view/AKR20210427103000051?input=1179m.
8. https://www.yna.co.kr/view/AKR20211224126300061?input=1179m.
9. https://blog.naver.com/kfdazzang/222579487962.
10. 식품의약품안전처장 : 식품위생법(법률 제20898호), 2025.04.01.
11. 식품의약품안전처장 : 식품위생법 시행령(대통령령 제35173호), 2024.12.31.
12. 식품의약품안전처장 : 식품위생법 시행규칙(총리령 제2008호), 2025.01.10.
13. 식품의약품안전처장 : 식품 등의 표시 · 광고에 관한 법률(법률 제20826호), 2025.03.18.
14. 식품의약품안전처장 : 식품 등의 표시기준(식품의약품안전처 고시 제2025-27호), 2025.04.21.
15. https://tv.kakao.com/v/409645507, 2020.06.05.
16. 질병관리청장 : 감염병의 예방 및 관리에 관한 법률(법률 제20583호), 2024.12.20.
17. 식품의약품안전처장 : 식품위생 분야 종사자의 건강진단규칙(총리령 제1916호), 2023.11.22.
18. 식품의약품안전처장 : 보고 대상 이물의 범위와 조사 · 절차 등에 관한 규정(식품의약품안전처 고시 제2022-25호), 2022.03.31.
19. 식품의약품안전처장 : 식품의 기준 및 규격(식품의약품안전처 고시 제2024-71호), 2024.11.14.
20. 식품의약품안전처장 : 식품첨가물의 기준 및 규격(식품의약품안전처 고시 제2025-15호), 2025.03.18.
21. 식품의약품안전처장 : 기구 및 용기 · 포장의 기준 및 규격(식품의약품안전처 고시 제2024-29호),. 2024.06.21.
22. 식품의약품안전처장 : 식품, 식품첨가물, 축산물 및 건강기능식품의 소비기한 설정기준(식품의약품안전처 고시 제2022-31호), 2022.04.20.
23. 식품의약품안전처장 : 식품 및 축산물의 유통기한 설정 실험 가이드라인, 2013.12.
24. 식품의약품안전처장 : 음식점 위생등급 지정 및 운영관리 규정(식품의약품안전처 고시 제2023-35호), 2023.05.30.
25. 허남윤, 김창남, 이정선, 강창수 : 식품위생학, 도서출판 진로, 2019.
26. 식품의약품안전청장 : 위생용품의 기준 및 규격(식품의약품안전처 고시 제2025-36호), 2025.06.04.
27. 김덕웅 외 : 식품분석 및 위생실험, 석학당, 2020.
28. 마이크로피펫 사용설명서.
29. 한국쓰리엠㈜, 3M Microbiology Products Technical Guidebook.
30. Kikkoman : ATP측정기 사용설명서.
31. 뷰박스 사용설명서.

32. https://blog.daum.net/-jjong216-/2
33. https://blog.daum.net/darkmoons/11806291
34. https://blog.naver.com/won0507won/220831223622
35. http://blog.naver.com/franciaga/221722542060
36. 농촌진흥청장 : 농식품종합정보시스템, http://koreanfood.rda.go.kr/kfi/fct/fctFoodSrch/list, 2022.07.
37. 식품의약품안전처장 : 식품 및 축산물 안전관리인증기준(식품의약품안전처 고시 제2025-8호), 2025.02.18.
38. 김창남, 윤성준, 이정선, 왕순남 : 위생감사 및 HACCP 적용실무, 백산출판사, 2022.

• 저 자 소 개 •

이경무

HARU(하루) 대표
(주)쿠키인클로버(사회적기업) 대표
혜전대학교 제과제빵학과 겸임교수
일본과자전문학교 졸업
대한민국 제과기능장
(사)대한민국제과기능장협회 기술위원장
(사)대한제과협회 식품위생 지도위원
한국평생교원진흥원 경영학 석사
대한민국 제과제빵 국가대표
세계 제빵월드컵 준우승

제과제빵 관련 식품위생법 이해

2025년 8월 5일 초판 1쇄 인쇄
2025년 8월 10일 초판 1쇄 발행

지은이 이경무
펴낸이 진욱상
펴낸곳 백산출판사
교 정 박시내
본문디자인 오행복
표지디자인 오정은

저자와의 합의하에 인지첩부 생략

등 록 1974년 1월 9일 제406-1974-000001호
주 소 경기도 파주시 회동길 370(백산빌딩 3층)
전 화 02-914-1621(代)
팩 스 031-955-9911
이메일 edit@ibaeksan.kr
홈페이지 www.ibaeksan.kr

ISBN 979-11-6639-537-6 93590
값 17,000원